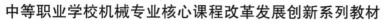

中等职业学校机械专业核心课程改革发展创新系列教材

铣工工艺与技能训练

主　编　唐召喜　陈　娟　何　凯
副主编　黄利红　周美琴　黄加根
　　　　曹文娟

中国铁道出版社

CHINA RAILWAY PUBLISHING HOUSE

内 容 简 介

本书是根据教育部最新发布的专业课程教学大纲,并参照铣工国家职业技能标准和行业职业技能鉴定规范编写而成。本书从满足企业和社会对高素质劳动者和技能型人才的需要出发,紧紧围绕中等职业教育的培养目标,遵循职业教育的教学规律,在课程结构、教学内容、教学方法等方面进行了积极的探索和改革创新,对提高职业学校学生的职业素养和职业能力,以及提高教育教学质量有积极的推动作用。

本书的主要内容包括铣削长方体、铣削压板、铣削凹凸配合件、铣削特形沟槽、铣削减速器轴键槽、铣削牙嵌式离合器和综合训练。

本书适合作为中等职业学校机械加工类专业学生的教材,也可作为铣工职业技能培训的岗位培训教材。

图书在版编目(CIP)数据

铣工工艺与技能训练/唐召喜,陈娟,何凯主编. —北京:
中国铁道出版社,2015.9
中等职业学校机械专业核心课程改革发展创新系列教材
ISBN 978-7-113-20735-9

Ⅰ.①铣… Ⅱ.①唐… ②陈… ③何… Ⅲ.①铣削—中等

专业学校—教材 Ⅳ.①TG54

中国版本图书馆 CIP 数据核字(2015)第 213402 号

书　　名:铣工工艺与技能训练	
作　　者:唐召喜　陈娟　何凯　主编	

策　　划:尹　娜	读者热线:400-668-0820
责任编辑:李中宝	
编辑助理:尹　娜	
封面设计:刘　颖	
封面制作:白　雪	
责任校对:汤淑梅	
责任印制:李　佳	

出版发行:中国铁道出版社(北京市西城区右安门西街 8 号,邮政编码:100054)
印　　刷:三河市兴达印务有限公司
版　　次:2015 年 9 月第 1 版　　2015 年 9 月第 1 次印刷
开　　本:787 mm×1 092 mm　1/16　印张:10.25　字数:242 千
印　　数:1~2 000 册
书　　号:ISBN 978-7-113-20735-9
定　　价:28.00 元

前　　言

为更好地适应中等职业学校机械类专业的教学要求，满足机械切削加工专业职业岗位的能力需求，本书在对装备制造业铣削加工岗位进行调研与分析的基础上，筛选出典型的工作过程，结合铣工国家职业资格标准，制订出《铣工工艺与技能训练》课程的基本内容。

本书充分贯彻以能力培养为本位，以理实一体化教学为原则，根据职业教育的方向和培养目标，结合铣工国家职业资格标准，把学习内容融入了 7 个学习项目中，以典型工作任务为载体，将所有学习项目的设计做到学习内容项目化、学习过程工作化、学习环境职场化，让学生在紧贴企业生产环境中学中做、做中学，既符合职业教育的规律，又有利于提高学生分析问题的能力，培养创新精神和良好的职业素养。

通过训练，培养学生熟练掌握铣工基础理论知识、铣床基本操作技能、加工工艺制定、零件加工方法和检测方法等专业能力，使学生适应现代制造业需要，成为能在生产第一线从事机床操作、具有较高职业素养的应用型技能人才。

本书采用项目教学法，以任务驱动的方式组织教学内容。全书共 7 个项目，计划 152 个学时，学时安排见下表。

项目	任务	任务名称	学时
项目一 铣削长方体	任务一	认识铣床	6
	任务二	掌握铣床的基本操作	6
	任务三	了解常用铣刀掌握铣刀的装卸方法	4
	任务四	工件的装夹	4
	任务五	平面的铣削和主轴的调校	6
	任务六	长方体的铣削	6
项目二 铣削压板	任务一	斜面的铣削	6
	任务二	T 形槽螺栓的铣削	6
项目三 铣削凹凸配合件	任务一	直角沟槽的铣削	6
	任务二	台阶的铣削	6
项目四 铣削特形沟槽	任务一	V 形槽的铣削	6
	任务二	T 形槽的铣削	6
	任务三	燕尾槽的铣削	6
项目五 铣削减速器轴键槽	任务一	平键槽的铣削	6
	任务二	半圆键槽的铣削	6
项目六 铣削牙嵌式离合器	任务一	六角螺栓头的铣削	6
	任务二	牙嵌式离合器的铣削	6
项目七 综合练习	任务一	水平仪的铣削	18
	任务二	钻床夹具的铣削	18
	任务三	角度样板的铣削	18

本教材的主要特点如下：

1. 采用"以点带面"的编写方法，以几个典型零件的加工过程为载体，展开相关知识的阐述及相关技能的训练，进行项目教学，将机床、刀具、夹具、量具及工艺等相关的知识融合在每一个项目中。内容尽可能使用图片、实物、表格等形式，为学生创造一个直观的认知环境。编写内容力求简洁、易懂，符合现代职业的教育特点。

2. 坚持以就业为导向的编写原则，编写内容符合企业岗位需求，以企业基本铣削加工为模式，突出了技能在机械加工行业中的实用性。本教材所教授的铣工技能的理论基础和技能训练科目，都紧密地与企业生产实际相结合，并注重培养学生良好的职业习惯和严谨的工作作风。

3. 注重对学生专业技能培养的科学性，训练内容由浅入深，环环相扣，使学生的铣工技能在训练中逐步地形成和强化，为学生在就业方面做了技术上的铺垫，使他们达到机械加工的初、中级铣工技能水平。

4. 实用性强。编写遵循"少而精"的原则，努力做到通俗易懂，图文并茂，坚持以学生为主体，讲练结合，使学生易学、易懂、易记、易用，完全能满足教学大纲的要求和职业技能鉴定考核的需要。

本书由安徽省马鞍山工业学校的唐召喜、陈娟、何凯任主编，由黄利红、周美琴、黄加根、曹文娟任副主编，张顺、黄蓉、邓慧君、赵欢欢参编。

本书在编写过程中参考了有关资料和文献，特别要感谢中国铁道出版社的编辑，在本书编写过程中给予了鼓励和大力支持。在此，一并表示衷心的感谢。由于编者水平有限，书中不足之处在所难免，敬请广大读者批评指正，以利于本书的修改、补充和完善。

编　者

2015 年 6 月

目　　录

项目一　铣削长方体

任务一　认识铣床

学习目标

1. 了解铣床加工的范围及特点。
2. 了解铣床的类型及型号。
3. 掌握铣床的主要结构名称及功用。
4. 掌握铣床维护保养的方法。

任务描述

作为一名铣工,必须了解什么是铣削加工,利用什么设备加工,以及铣削加工有什么特点。在本任务中首先带领读者认识铣床(见图 1-1-1),为后面学习铣床操作打下基础。

图 1-1-1　X5032 立式铣床

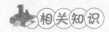任务分析

本次任务的任务流程及任务要求见表1-1-1。

表1-1-1 任务分析表

序号	任务流程	任务要求
1	学习铣削加工的基本内容	能对照铣床设备的零件说出加工方式
2	学习铣床的种类及型号	能认出卧式及立式铣床
3	学习铣床结构及功用	能对照铣床实物说出铣床的结构及功用
4	学习铣床的日常维护与保养	掌握铣床维护保养的步骤及方法

相关知识

➤ 知识点一:铣削加工基本内容

1. 铣削加工的范围

铣床的加工范围很广,它可以铣削平面、台阶、沟槽、键槽、成形面、特形沟槽、齿轮、螺旋槽、离合器,也可进行切断和孔加工等,如图1-1-2所示。

(a) 圆柱形铣刀铣平面　(b) 端面铣刀铣平面　(c) 铣台阶　(d) 铣直角沟槽

(e) 铣键槽　(f) 铣成形面　(g) 铣特形沟槽　(h) 铣齿轮

(i) 铣螺旋槽　(j) 铣离合器　(k) 切断　(l) 镗孔

图1-1-2 铣削加工范围

2. 铣削加工的特点

铣削加工有如下特点,如图1-1-3所示。

① 多刃刀具加工,刀齿轮流切削,刀具冷却效果好,耐用度高。

② 生产效率高、加工范围广。

③ 较高的加工精度。

多刃刀具,主运动是刀具旋转运动

工件移动或刀具移动是进给运动

图 1-1-3　铣削加工特点

想一想

铣削加工和车削加工有什么不同?

➤ 　知识点二:铣床的种类及型号

1. 铣床种类

铣床是以铣刀旋转运动为主运动,以工件或铣刀作进给运动的一种金属切削机床。常用铣床有卧式铣床(卧铣)、立式铣床(立铣)、龙门铣床等,如图 1-1-4 所示。

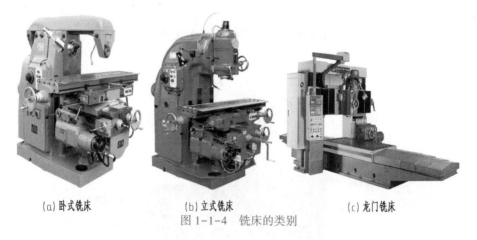

(a) 卧式铣床　　　　　(b) 立式铣床　　　　　(c) 龙门铣床

图 1-1-4　铣床的类别

2. 铣床型号

(1)铣床类代号

铣床类代号用大写的汉语拼音字母"X"表示,读作"铣",是机床标牌的第一位字母。

(2)机床通用特性代号

机床通用特性代号,是在类别代号之后加上相应拼音字母的特性代号来表示,是机床标牌的第二位(或第三位)字母,见表 1-1-2。

表 1-1-2　机床通用特性代号

通用特性	高精密	精密	自动	半自动	数控	加工中心 (自动换刀)	仿形	轻型	加重型	简式或 经济型	高速
代号	G	M	Z	B	K	H	F	Q	C	J	S
读音	高	密	自	半	控	换	防	轻	重	简	速

（3）机床组系代号

铣床分为 10 个组，每组分为 10 系。铣床组系代号见表 1-1-3。

表 1-1-3　机床的组别代号

组别名称	仪表铣床	悬臂铣床	龙门铣床	平面铣床	仿形铣床	立式升降台铣床	卧式升降台铣床	床身铣床	工具铣床	其他铣床
组别	0	1	2	3	4	5	6	7	8	9

（4）机床主参数

机床主参数代表机床规格的大小，用数字给出主参数的折算值（1/10 或 1/100）。

（5）机床的重大改进顺序号

机床的重大改进顺序号按 A、B、C 等字母的顺序选用。

铣床型号举例：

X5032：X 表示铣床类；5 表示立式铣床组；0 表示立式升降台铣床系；32 表示工作台宽度 320 mm 的 1/10。

X6125：X 表示铣床类；6 表示卧式铣床组；1 表示万能升降台铣床系；25 表示工作台宽度 250 mm 的 1/10。

➢　知识点三：铣床结构及功用

以 X5032 型铣床为例，普通立式铣床的结构如图 1-1-5 所示。

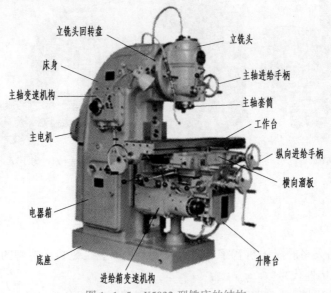

图 1-1-5　X5032 型铣床的结构

X5032 型铣床的结构和功用可以参照表 1-1-4。

表 1-1-4　X5032 型铣床的结构和功用

序　号	名　　称	功　　用
1	床身和底座	床身是箱形结构的铸件，用于支承和固定铣床各部件。床身前立面有燕尾形的垂直导轨，供升降台上下移动。床身内装有主轴变速箱、电器设备和润滑油泵等部件。底座是整个机床的支撑，装有冷却泵，内有冷却液

续上表

序 号	名 称	功 用
2	立铣头	安装在床身上部弯头的前面,可以相对于床身左右回转45°,内部装有主轴。主轴是前端有锥孔的空心轴,用于安装铣刀或刀轴,并带动铣刀或刀轴旋转。主轴可以相对于立铣头作轴向移动,用手轮操纵,可以铣削不同深度的加工面或钻孔
3	主轴变速机构	安装在床身内,作用是将主电动机的转速经过变速传给主轴,可使主轴获得各种不同的转速。外露部分是转速盘、手柄和固定环。主轴变速要在主轴停止转动后进行,否则会损害变速齿轮
4	升降台	升降台把床身与工作台连起来,可以使整个工作台沿床身的垂直导轨上下移动,以调整工作台面到铣刀的距离。升降台内部装着供进给运动用的电动机及进给变速机构
5	横向溜板	位于升降台上面的水平导轨上,可带动纵向工作台一起作横向进给运动
6	工作台	用于安装夹具和工件。工作台由丝杠带动作纵向进给运动,以带动安装在台面上的工件作纵向进给运动
7	进给箱变速机构	控制工作台三个方向的进给速度和快速移动。外露部分是进给速度盘和蘑菇形手柄
8	冷却部分	冷却液装在机床底座内,打开机床后罩可以看到冷却泵,冷却泵将冷却液沿管子输送到喷嘴,流量用阀门来调节

想一想

卧式铣床和立式铣床有什么区别?

➢ 知识点四:润滑的作用

1. 减少摩擦和磨损

加入润滑油后,在传动部件表面形成一层油膜,可以防止金属直接接触,从而大大减少摩擦和磨损。

2. 冷却作用

液体润滑油一方面会减少因摩擦造成的零部件发热,另一方面通过流动也会带走部分热量,从而起到冷却作用。

3. 清洗作用

润滑油流过运动表面时,会带走因为磨损造成的金属磨屑和污物。

4. 防止腐蚀

润滑剂中都含有防腐剂、防锈剂等,可以减少零件表面腐蚀。

5. 缓冲减振作用

当零件受到冲击时,附着在零件表面的润滑油能起到缓冲吸振的作用。

想一想

铣床用的润滑剂有哪些种类?

任务实施

1. 铣床清洁方法和步骤

①每组一台机床，关闭或切断铣床外接电源，并请老师确认，然后用毛刷将工作台面及导轨等处的切屑清理干净，以免擦拭机床时将手刺伤。

②从上到下用棉纱擦拭铣床各部位，包括床身、各个导轨、主轴锥孔、主轴端面、底座等，如图1-1-6所示。

③上、下、左、右移动升降台和工作台，清洗升降丝杠和工作台丝杠。

④拆下床身后的电动机防护罩，擦拭电动机，清洗冷却油泵过滤网，清扫电气箱、蛇皮管并检查是否安全可靠。

⑤擦洗附件并按文明生产要求清理工具箱，保证工具箱内整洁有序。

⑥清理机床周围环境，并按要求对机床导轨、轴承座等处进行润滑，如图1-1-7所示。

⑦将工作台摇到各方向进给的中间位置，各手柄置于空挡位置，将各方向进给的紧固手柄松开。

图1-1-6　清理机床

图1-1-7　对铣床进行润滑

操作提示：

①清理机床时注意不要被切屑刺伤手。

②按照从上到下的顺序，用棉纱擦拭铣床各部位。

2. 铣床润滑方法和步骤

①采用手拉油泵对工作台纵向丝杠和螺母、导轨面、横向溜板导轨等进行注油润滑，并前后左右手动移动工作台。

②接通电源，启动主轴，观察各油窗是否甩油，油位是否处于正常位置。用油枪对各注油孔进行注油润滑。以X5032铣床为例，铣床的润滑部位如图1-1-8所示。

想一想

立式铣床和卧式铣床的润滑部位都有哪些？

操作提示：

1. 用油枪对各注油孔注油时，不要漏掉注油孔。

2. 对机床各导轨面润滑时，油量不要过多。

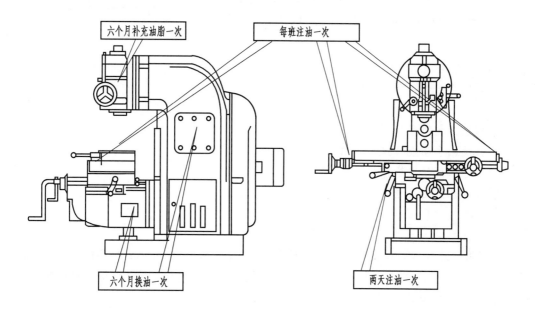

图 1-1-8 X5032 铣床日常润滑要求

任务评价

认识铣床任务评价表见表 1-1-5。

表 1-1-5 认识铣床任务评价表

班级：			姓名：		日期：	
序号		评价内容	评分采用 10-9-7-5-0 分制			
			自评	组评	师评	得分
1	知识与技能	掌握铣床加工内容				
2		掌握铣床型号及种类				
3		掌握铣床结构及功用				
4		掌握铣床清理方法				
5		掌握铣床润滑方法				
6		掌握工量具摆放方法				
7	安全	符合安全文明生产要求				
8	职业精神	吃苦耐劳、有协作精神				
9		学习积极、做事主动				

评分组	成绩	因子	中间值	系数	结果	总分
知识和技能		0.7		0.4		
安全文明生产		0.1		0.3		
职业精神		0.2		0.3		

任务二 掌握铣床的基本操作

学习目标

1. 掌握铣工文明生产制度及安全操作规程。
2. 掌握铣床手动进给操作方法。
3. 掌握铣床机动进给操作方法。
4. 掌握铣床主轴及进给变速操作方法。

任务描述

为了保证铣床的加工精度同时延长使用寿命,操作铣床之前,必须要熟悉铣床各部分的功用及操作方法,本任务通过练习基本操作铣床,做到掌握铣床的基本操作方法。对铣床进行纵向机动进给的操作,如图 1-2-1 所示。

图 1-2-1 纵向自动进给操作

任务分析

本任务的任务流程及任务要求见表 1-2-1。

表 1-2-1 任务分析表

序号	任 务 流 程	任 务 要 求
1	学习铣工安全文明生产内容	熟悉文明生产要求及安全操作规程
2	工作台手动进给操作	清楚手轮旋向与进给方向间的关系及手动匀速进给的操作方法
3	工作台机动进给操作	体会操作手柄的力度和位置
4	主轴变速操作	掌握主轴变速操作要领及注意事项
5	进给变速操作	掌握进给变速操作要领及注意事项

➡ 相关知识

➢ 知识点一：铣工文明生产制度

①上班前按要求穿好工作服、劳保鞋，戴好工作帽。

②应保持机床周围场地整洁，地上无油污、积水。

③禁止把工件放在铣床工作台面上，更不允许在导轨上敲击。

④工量刃具要摆放整齐，便于操作时取用，用完后要放回原处。

⑤图样、工艺卡应放置于便于阅读处，并保持其清洁和完整。

⑥班前班后按规定给各部位注油润滑，检查各手柄是否在规定位置。

⑦每班开工前主轴低速运转 2~3 min，观察主轴是否正转，油路是否畅通。

⑧加工结束，应切断电源，清理环境卫生，并做好机床日常维护保养。

➢ 知识点二：铣工安全操作规程

①严禁戴手套、围巾、项链操作，切削加工时应戴防护镜。

②加工前检查刀具、夹具和工件是否装夹牢固，防止刀具伤人或损坏。

③换刀要按下急停按钮并锁紧主轴，立铣刀要先取下铣刀再取下刀柄。

④装拆铣刀时，扳手开口要选用适当，用力不可过猛，防止滑倒。

⑤主轴旋转时，严禁变换主轴转速或用手去触摸、装卸、测量工件及擦拭机床。

⑥停止机床时，先停进给，再停主轴。

⑦对刀快接近工件时必须手动进刀，严禁快速机动进给。

⑧快速进给时，应注意防止手柄伤人或撞刀。

⑨有事离开必须停止机床、切断电源。

⑩严禁私自拆开电器柜，发生故障保护现场应及时报告指导老师。

➡ 任务实施

1. 工作台手动进给操作

(1)纵向手动进给

当手动进给时，将手柄与纵向丝杠接通，右手握手柄并略加力向里推，左手扶轮子作旋转摇动，如图 1-2-2(a)所示。摇动时速度要均匀适当，顺时针摇动时，工作台向右作进给运动，反之则向左移动。纵向刻度盘每摇一转，工作台移动 6 mm，每摇一格，工作台移动 0.05mm。

想一想

纵向刻度盘每毫米有多少格？每圈多少格？

(2)横向手动进给

工作台横向手轮手柄在升降台前面。手动进给时，将手柄与横向丝杠接通，右手握手柄，左手扶轮子作旋转摇动，如图 1-2-2(b)所示。顺时针方向摇动时，工作台向前移动，反之向后移动。每摇一转，工作台移动 6 mm，每摇动一格，工作台移动 0.05 mm。

想一想

移动不同距离加原始刻度小于和大于一圈最大值时，刻度盘刻度的计算方法有何区别？

(3)垂向手动进给

工作台垂向手动进给手柄 1 在升降台前面左侧。手动进给时，手柄离合器接通，双手握手柄,如图 1-2-2(c)所示。顺时针方向摇动,工作台向上移动,反之向下移动。垂向刻度盘上刻线有 40 格,每摇一转时,工作台移动 2 mm,每摇动一格,工作台移动 0.05 mm。

(a)纵向手动进给

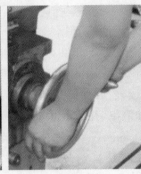
(b)横向手动进给

(c)垂向手动进给

图 1-2-2　工作台手动进给操作

想一想

手柄摇过了刻度,能否直接摇回到预定的刻度?

操作提示:

①操作前关闭电源,松开锁紧手柄。

②手动进给手轮摇动要均匀。

③注意移动不同距离时刻度盘刻度计算方法。

④改变方向进给时,要注意消除丝杠反向间隙。

⑤不进行手动操作时,手柄应该与刻度盘离合器脱开。

2. 工作台机动进给操作

(1)纵向机动进给

工作台纵向机动进给手柄有三个位置,向右、向左及水平居中停止。当手柄向右扳动时工作台向右进给,中间为停止位置,手柄向左扳动时,工作台向左进给,如图 1-2-3 所示。

(2)横向、垂向机动进给

工作台横向、垂向机动进给手柄有五个位置:向上、向下、向前、向后及水平居中停止。当手柄向上扳时,工作台向上进给,反之向下;当手柄向前扳时,工作台向里进给,反之向外;当手柄处于中间位置时,进给停止,如图 1-2-4 所示。

想一想

铣床能否两个方向同时机动进给?

操作提示:

①操作前检查各挡块是否紧固。

②操作中体会操作手柄的力度和位置感觉。

③快速机动进给时,防止碰撞刀具和铣床。

3. 主轴变速操作

主轴变速箱装在床身左侧窗口上,变换主轴转速由手柄和转速盘来实现。主轴转速范围

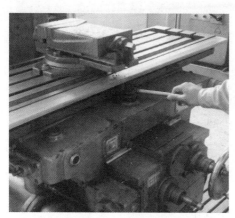

图 1-2-3　工作台纵向机动进给

图 1-2-4　工作台横向、垂向机动进给

为 30~1 500 r/min,共 18 种,如图 1-2-5 所示。变速时,操作步骤如下:

①手握变速手柄,把手柄向下压,使手柄的键块自固定环的右槽中脱出,再将手柄向外拉,使手柄的键块落入固定环的左槽内。

②转动转速盘,把所需的转速数字对准指示箭头。

③把手柄向下压后推回原来位置,使键块嵌入固定环右槽中。变速时,扳动手柄要求推进速度快一些,在接近最终位置时,推进速度减慢,以利于齿轮啮合。应待主轴停稳后再变速,主轴转动时严禁变速。

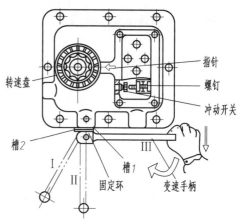

图 1-2-5　主轴变速操作

想一想

为什么主轴转动时不可以变速?

操作提示:

①严禁在主轴转动时对主轴进行变速。

②主轴变速不宜频繁操作,连续变速不应超过 3 次。

③必须连续变速操作时,每次时间间隔应该超过 5 min。

4. 进给变速操作

进给变速箱是一个独立部件,装在升降台的左边,有 18 种进给速度,范围为 23.5~1 180 mm/min。速度的变换由进给操纵箱来控制,操纵箱位于进给变速箱的前面,如图 1-2-6 所示。

变换进给速度的操作步骤如下:

①双手把蘑菇形手柄向外快速拉出。

②转动手柄,把转速盘上所需的进给速度对准指示箭头。

③将蘑菇形手柄推回原始位置。

进给变速和主轴变速类似,要求扳动手柄推进速度快一些,在接近最终位置时,推进速度

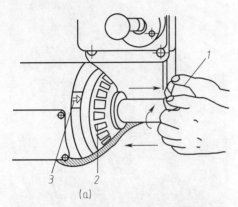

(a)　　　　　　　　　　　　(b)

图 1-2-6　进给箱变速操作
1—变速手柄;2—进给变速盘;3—指示箭头

减慢,以利于齿轮啮合。变换进给速度时,如发现手柄无法推回原始位置,可再转动转速盘或将机动进给手柄开动一下。允许在机床开动的情况下进给变速,但机动进给时,不允许变换进给速度。

操作提示:

①机动进给时禁止进给变速操作。

②进给变速手柄拉出不要过长,合到位。

③注意进给变速手柄不能合到位的处理方法。

④快速机动进给时防止碰撞刀具和铣床。

任务评价

掌握铣床的基本操作任务评价表见表 1-2-2。

表 1-2-2　掌握铣床的基本操作任务评价表

班级:		姓名:		日期:		
序号		评价内容	评分采用 10-9-7-5-0 分制			
			自评	组评	师评	得分
1	知识与技能	掌握铣工安全操作规程				
2		掌握铣床手动进给操作				
3		掌握铣床机动进给操作				
4		掌握铣床主轴变速操作				
5		掌握铣床进给变速操作				
6	安全	符合安全文明生产要求				
7	职业精神	吃苦耐劳、有协作精神				
8		学习积极、做事主动				

序号	评价内容		评分采用 10-9-7-5-0 分制			
			自评	组评	师评	得分
评分组	成绩	因子	中间值	系数	结果	总分
知识和技能		0.5		0.4		
安全文明生产		0.1		0.3		
职业精神		0.2		0.3		

任务三 了解常用铣刀掌握铣刀的装卸方法

学习目标

1. 了解常用铣刀的种类与用途。
2. 掌握常用铣刀材料和结构。
3. 掌握常用铣刀的装卸方法。

任务描述

铣刀是日常铣削加工中用到的重要工具之一。由于不同的铣削加工内容要用到不同的铣刀,因此,常用的铣刀有很多种类,如图 1-3-1 所示。为了使读者在加工时能合理地选用铣刀,就必须认识各种铣刀,并掌握常用铣刀的装卸方法。

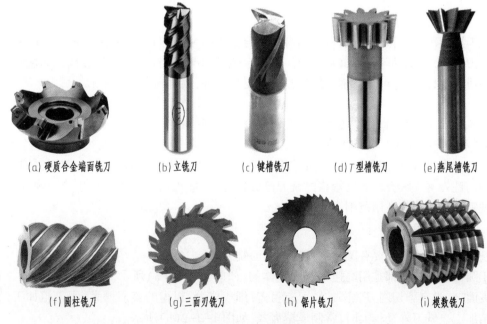

(a) 硬质合金端面铣刀　　(b) 立铣刀　　(c) 键槽铣刀　　(d) T 型槽铣刀　　(e) 燕尾槽铣刀

(f) 圆柱铣刀　　(g) 三面刃铣刀　　(h) 锯片铣刀　　(i) 模数铣刀

图 1-3-1 常用铣刀

(j)单角铣刀　　　(k)双角铣刀　　　(l)凸圆弧铣刀　　　(m)凹圆弧铣

图 1-3-1　常用铣刀(续)

 任务分析

本次任务的任务流程及任务要求见表 1-3-1。

表 1-3-1　任务分析表

序号	任务流程	任务要求
1	学习铣刀材料	能对照铣刀实物认出铣刀切削部分的材料
2	学习铣刀分类	掌握铣刀的分类及用途
3	学习铣刀的标记	能看懂铣刀标记
4	学习铣刀的装卸方法	掌握常用的铣刀装卸方法

 相关知识

➤　知识点一:铣刀的材料

铣刀按切削部分材料分类,常用的有硬质合金铣刀和高速钢铣刀,另外还有金刚石铣刀、陶瓷铣刀、立方氮化硼等超硬材料铣刀。硬质合金铣刀与高速钢铣刀相比,铣削速度较高、加工表面质量也较好,并可加工带有硬皮和淬硬层的工件,故得到广泛应用。

想一想

对照铣刀实物,指出铣刀的切削部分材料分别是哪一种?

➤　知识点二:铣刀的分类

铣刀种类很多,应用范围很广,按其用途可分为加工平面用铣刀、加工沟槽用铣刀和加工成形面用铣刀等三大类。通用规格的铣刀已标准化,一般均由专业工具厂生产。现介绍几种常用铣刀的特点及其适用范围。

1. 铣削平面用铣刀

铣削平面用铣刀主要有圆柱形铣刀和端面铣刀。

①圆柱铣刀一般都是用高速钢制成整体的,如图 1-3-2(a)所示。螺旋形切削刃分布在圆柱表面上,没有副切削刃。圆柱铣刀有粗齿、细齿之分,粗齿的容屑槽大,用于粗加工,细齿用于精加工。铣刀外径较大时,常制成镶齿式,如图 1-3-2(b)所示。

②端面铣刀主切削刃分布在圆柱或圆锥表面上,端面切削刃为副切削刃。端面铣刀按刀

片安装方式不同,可分为整体式、焊接式和可转位式三种,如图 1-3-3 所示。端面铣刀主要用在立式铣床或卧式铣床上加工平面和台阶面,特别适合较大平面的加工,可以采用较大的切削用量,生产率较高,应用广泛。

(a)整体式　　(b)镶齿式
图 1-3-2　圆柱铣刀

(a)整体式　　(b)焊接式　　(c)可转位式
图 1-3-3　端面铣刀

2. 铣削直角沟槽用铣刀

(1)立铣刀

立铣刀如图 1-3-4 所示。圆柱面上的切削刃是主切削刃,端面上分布着副切削刃。由于普通立铣刀端面中心处无切削刃,所以立铣刀工作时不能作轴向进给。立铣刀主要用于加工凹槽、台阶面。另外有粗齿大螺旋角立铣刀、玉米铣刀、硬质合金波形刃立铣刀等,它们的直径较大,可以采用大的进给量,生产率很高。

(2)三面刃铣刀

三面刃铣刀分直齿、错齿和镶齿等几种,如图 1-3-5 所示。主要用在卧式铣床上加工台阶面和浅沟槽,三面刃铣刀除圆周具有主切削刃外,两侧面也有副切削刃,从而减小了表面粗糙度值。

图 1-3-4　立铣刀

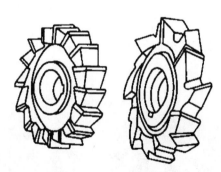

图 1-3-5　三面刃铣刀

(3)键槽铣刀

键槽铣刀外形与立铣刀相似,如图 1-3-6 所示,不同的是它在圆周上只有两个螺旋刀齿,其端面刀齿的刀刃延伸至中心,既像立铣刀,又像钻头。因此在铣两端不通的键槽时,可以作适量的轴向进给。它主要用于加工圆头封闭键槽,加工时,要作多次垂直进给和纵向进给才能完成键槽加工。键槽铣刀的圆周切削刃仅在靠近端面的一小段长度内发生磨损,重磨时,只需刃磨端面切削刃,因此重磨后铣刀直径不变。

(4)锯片铣刀

锯片铣刀如图 1-3-7 所示,用于切断工件和铣窄槽。锯片铣刀本身很薄,只在圆周上有刀齿,为了避免夹刀,其厚度由边缘向中心减薄,使两侧形成副偏角。

图 1-3-6　键槽铣刀

图 1-3-7　锯片铣刀

想一想

键槽铣刀和立铣刀有何区别?

3. 铣削特形沟槽用铣刀

特形沟槽铣刀常见有角度铣刀、T型槽刀、燕尾槽刀,如图 1-3-8 所示。角度铣刀分为单角铣刀、对称双角铣刀和不对称双角铣刀三种。

(a)角度铣刀　　　　　　　　　　(b)T型槽刀　　　　　　(c)燕尾槽刀

图 1-3-8　铣削特形沟槽铣刀

4. 特形铣刀

铣削特形面用铣刀如图 1-3-9 所示。

(a)凸半圆铣刀　　　　(b)凹半圆铣刀　　　　(c)齿轮铣刀　　　　(d)成形铣刀

图 1-3-9　铣削特形面用铣刀

> ➤　知识点三:铣刀的标记

1.铣刀标记的内容

①制造厂家的商标。

②制造铣刀的材料。

③铣刀的尺寸规格(标记铣刀的基本尺寸)。

2.各类铣刀尺寸规格的标注

①圆柱形铣刀、三面刃铣刀、锯片铣刀等,标注外圆直径×宽度×内孔直径作为尺寸规格。例如,锯片铣刀尺寸规格标记为80×1.4×22,如图1-3-10所示。

②立铣刀、键槽铣刀等,标注外圆直径作为尺寸规格。

③角度铣刀、半圆铣刀等,标注外圆直径×宽度×内孔直径×角度(或圆弧半径)作为尺寸规格。例如,角度铣刀80×20×27×60°,表示铣刀外径80 mm、宽度20 mm、内径27 mm、角度60°。

图1-3-10 铣刀标记

 任务实施

1. 带柄铣刀的装卸

(1)端面铣刀装卸

端面铣刀的安装方法如图1-3-11所示。首先将端面铣刀刀盘的键槽对准刀柄的键块位置,旋上内六角螺钉,用内六角扳手将刀盘固定到刀柄上,然后将刀柄擦拭干净后装入主轴内孔,再旋紧拉杆螺母,使拉杆旋入刀柄的螺孔。最后用扳手旋紧紧刀螺母,使刀柄牢牢地固定在主轴内孔中。端面铣刀拆卸过程和安装过程相反。

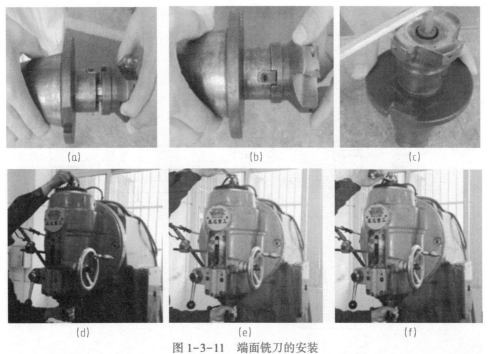

(a)　　　　　　　　　(b)　　　　　　　　　(c)

(d)　　　　　　　　　(e)　　　　　　　　　(f)

图1-3-11 端面铣刀的安装

(2)立铣刀的装卸

立铣刀有直柄和锥柄两种,首先要将刀柄装入主轴内孔,然后再将立铣刀装入刀柄。刀柄安装与端面铣刀刀柄安装相同。

①直柄铣刀的安装。直柄铣刀常用弹簧套(夹头)来安装,如图1-3-12(a)所示。安装

时,先插入立铣刀,后旋紧螺母,使弹簧套作径向收缩而将铣刀的圆柱部分夹紧。

②锥柄铣刀的安装。当铣刀锥柄尺寸与主轴端部锥孔相同时,可直接装入锥孔,并用拉杆拉紧。否则要用过渡锥套进行安装,如图1-3-12(b)所示。

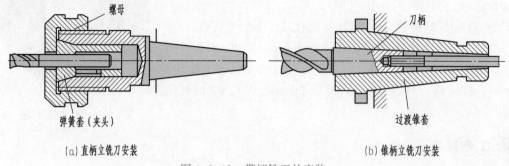

（a）直柄立铣刀安装　　　　　　　　　　　（b）锥柄立铣刀安装

图1-3-12　带柄铣刀的安装

操作提示:

①装卸铣刀时注意要锁紧主轴、按下急停按钮。

②要严格按照正确步骤旋紧或旋松拉紧刀杆的螺母。

③刀柄的键块要和主轴键槽结合好。

④在满足加工的条件下立铣刀伸出长度尽可能短。

⑤安装完成后,要检查确认刀具安装是否正确。

2. 带孔铣刀的装卸

(1)装铣刀杆

带孔铣刀要采用铣刀杆安装,如图1-3-13所示,先将铣刀杆锥体一端插入主轴锥孔,用拉杆拉紧。通过套筒调整铣刀的合适位置,刀杆另一端用支架支承。

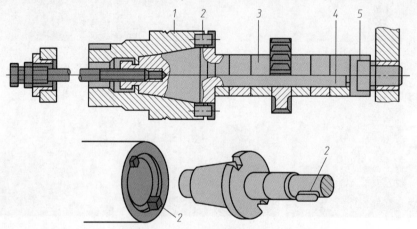

图1-3-13　带孔铣刀的安装

1—主轴;2—键;3—套筒;4—刀轴;5—螺母

铣刀刀杆的安装步骤:

①适当调整横梁的伸出长度并将横梁紧固。

②清理铣床主轴锥孔和铣刀杆的锥柄。

③将铣床主轴转速调整到最低或将主轴锁紧。

④安装铣刀杆。

（2）安装圆柱铣刀

安装圆柱铣刀的步骤包括：装铣刀杆—刀杆上先套几个垫圈，再装上重键，然后再安装铣刀—铣刀外侧的刀杆再套上几个垫圈，旋上左旋螺母—安装支架—拧紧支架紧固螺钉，轴承内加润滑油—初步拧紧螺母，观察铣刀是否装正，然后再拧紧左旋螺母，如图 1-3-14 所示。

（a）安装铣刀

（b）旋上左旋螺母

（c）安装支架

（d）轴承内加润滑油

（e）拧紧左旋螺母

图 1-3-14　圆柱铣刀的安装步骤

（3）拆卸铣刀刀杆的步骤

拆卸铣刀刀杆的步骤包括：锁紧主轴（或将主轴转速调整为最低）—松开并旋下紧刀螺母—取下挂架—取下垫圈和铣刀—旋松拉杆螺母一圈—锤击拉杆使刀柄从主轴锥孔脱开—旋出拉杆，取下铣刀杆，如图 1-3-15 所示。

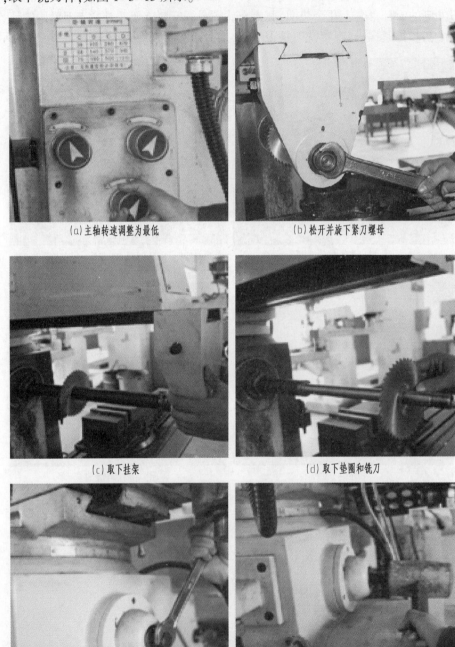

(a) 主轴转速调整为最低　　　　　　　　(b) 松开并旋下紧刀螺母

(c) 取下挂架　　　　　　　　　　　　　(d) 取下垫圈和铣刀

(f) 旋松拉杆一圈　　　　　　　　　　　(g) 锤击拉杆

图 1-3-15　拆卸铣刀刀杆的步骤

(h)取下铣刀杆

图1-3-15 拆卸铣刀刀杆的步骤(续)

操作提示:

①安装带孔铣刀时,应该先紧固挂架,后紧固铣刀。拆卸时应该先松开铣刀,再松开挂架。

②挂架轴承孔应该有足够的润滑油。

③装卸铣刀时,应该用布包住铣刀,防止刀刃划伤手。

④安装铣刀前应该擦净各个结合面。

任务评价

认识常用铣刀及其装卸方法的任务评价表见表1-3-2。

表1-3-2 认识常用铣刀及其装卸方法的任务评价表

班级:		姓名:		日期:		
序号	评价内容		评分采用10-9-7-5-0分制			
			自评	组评	师评	得分
1	知识与技能	知道常用铣刀的材料				
2		掌握常用种类与用途				
3		看懂铣刀的标记含义				
4		掌握端面铣刀的装卸方法				
5		掌握立铣刀的装卸方法				
6	安全	符合安全文明生产要求				
7	职业精神	吃苦耐劳、有协作精神				
8		学习积极、做事主动				

评分组	成绩	因子	中间值	系数	结果	总分
知识和技能		0.5		0.4		
安全文明生产		0.1		0.3		
职业精神		0.2		0.3		

任务四　工件的装夹

学习目标

1. 了解常用的夹具名称。
2. 了解平口钳的结构和功能。
3. 掌握平口钳的校正方法。
4. 掌握用平口钳装夹工件的方法。

任务描述

在铣削加工中,如何装夹工件十分重要,工件装夹的好坏直接影响工件的加工精度。在本任务中将学习铣削加工中常用的夹具及铣削不同形状工件时的工件装夹方法。图1-4-1给出了采用平口钳装夹工件的方法。

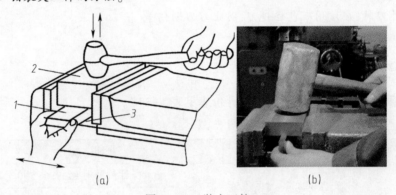

(a)　　　　　　　　　　(b)

图1-4-1　装夹工件

1—垫铁;2—工件;3—工作台面

任务分析

本任务的任务流程及任务要求见表1-4-1。

表1-4-1　任务分析表

序号	任务流程	任务要求
1	学习工件装夹的概念	知道什么是定位和装夹
2	学习铣床上常用的夹具	知道铣床常用的夹具的作用
3	安装平口钳	掌握平口钳的安装步骤和注意事项
4	校正平口钳	掌握校正平口钳的方法
5	装夹工件	掌握装夹工件的方法

相关知识

➢　知识点一:工件装夹的概念

定位和夹紧的整个过程合起来称为装夹。

定位：工件在开始加工前，在机床上或夹具中占有某一正确位置的过程。

夹紧：避免定位好的工件在切削力的作用下发生位移，使其在加工过程中始终保持正确的位置，还需将工件压紧夹牢。

➤ 知识点二：铣床上常用的夹具

1. 平口钳

平口钳又称机用虎钳，是铣床上装夹工件最常用的夹具。平口钳可以装夹长方体零件铣平面、台阶等，也可装夹轴类零件铣键槽。平口钳有回转式和非回转式两种，其结构如图1-4-2所示。

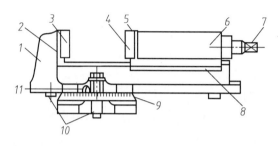

图 1-4-2　平口钳的结构

1—钳体；2—固定钳口；3—固定钳口铁；4—活动钳口铁；5—活动钳口；
6—活动钳身；7—丝杠方头；8—压板；9—底座；10—定位键；11—钳体零线

2. 压板

形状、尺寸较大或不便于用平口钳装夹的工件，常用压板将其装夹在铣床工作台上进行加工，如图1-4-3所示。

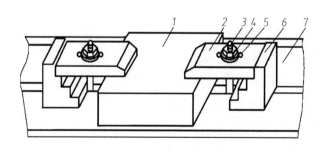

图 1-4-3　用压板装夹工件

1—工件；2—压板；3—形螺栓；4—螺母；5—垫圈；6—台阶垫铁；7—工作台面

3. 分度头

分度头常用来装夹轴类零件或需要分度的零件，如图1-4-4所示。

4. 回转工作台

回转工作台常用来装夹带有圆弧沟槽或圆弧曲面的零件，如图1-4-5所示。

图 1-4-4　万能分度头

图 1-4-5　回转工作台

任务实施

1. 安装平口钳

体积较小的规则零件,一般用平口钳装夹,首先需要把平口钳安装在铣床上。平口钳安装非常方便,先擦净底面和铣床工作台表面,将底座上的定位键块放入工作台中央的 T 形槽中,即可对平口钳进行固定,如图 1-4-6 所示。

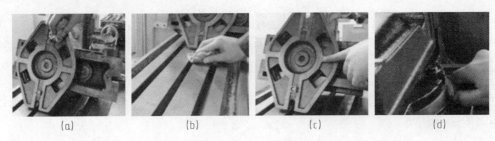

| (a) | (b) | (c) | (d) |

图 1-4-6　平口钳的安装

平口钳的具体安装步骤如下:

①擦净平口钳的底面和铣床工作台面。

②将底座上的定位键块放入工作台中央的 T 形槽中。

③用 T 形槽螺栓将平口钳固定在铣床工作台上。

④松开钳体和底座之间的螺母。

⑤对平口钳进行调整。

操作提示:

①安装平口钳之前一定要擦净所有的结合表面。

②较重的平口钳要两人配合搬运,防止砸伤手指和脚。

③平口钳和台面接触时动作要轻,防止撞击工作台面。

2. 校正平口钳

铣床上用机用平口钳装夹工件铣平面时,对钳口与主轴的平行度和垂直度要求不高,一般目测即可。但当铣削沟槽等有较高相对位置精度的工件时,则对钳口与主轴的平行度和垂直度要求较高,这时应对固定钳口进行校正。机用平口钳固定钳口的校正有如下三种方法。

（1）划针校正

用划针校正固定钳口与铣床主轴轴心线垂直的方法如图 1-4-7 所示。将划针夹持在铣刀柄垫圈间，调整工作台的位置，使划针靠近左面钳口铁平面，然后移动工作台，观察并调整钳口铁平面与划针针尖的距离，使之在钳口全长范围内一致。此方法的校正精度较低。

（2）用角尺校正

用角尺校正固定钳口与铣床主轴轴心线平行的方法如图 1-4-8 所示。在校正时，先松开底座紧固螺钉，使固定钳口铁平面与主轴轴线大致平行，再将角尺的尺座底面紧靠在床身的垂直导轨面上，调整钳体，使固定钳口铁平面与角尺的外测量面密合，然后紧固钳体。为避免紧固钳体时钳口发生偏转，紧固钳体后需再复检一次。

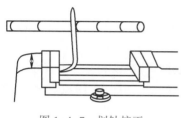

图 1-4-7　划针校正

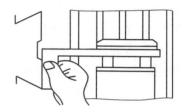

图 1-4-8　用角尺校正

（3）百分表校正

用百分表校正固定钳口与铣床主轴轴心线垂直或平行的方法如图 1-4-9(a)、(b) 所示。在校正时将磁性表座吸附在铣床横梁导轨面上，安装百分表，使测量杆与固定钳口平面大致垂直，再使测量头接触到钳口铁平面，将测量杆压缩量调整到 1 mm 左右，然后移动工作台，在钳口平面全长范围内，百分表的读数差值在规定的范围内即可。此方法的校正精度较高。

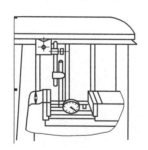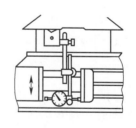

（a）固定钳口与铣床主轴轴线垂直　　　（b）固定钳口与铣床主轴轴线平行

图 1-4-9　百分表校正平口钳

操作提示：

①组装百分表的表座时，注意不要弄丢零件。

②检测过程中要注意保护百分表，防止撞击。

③百分表测量杆应该与钳口面垂直。

④在调整过程中，用橡皮锤轻敲钳体，敲击台虎钳的力要大小适度。

⑤调整好后紧固台虎钳的螺母时，紧固力不可过猛，两个螺母要轮流徐徐用力。

3. 装夹工件

用平口钳装夹工件的方法如下：

（1）毛坯件在平口钳上的装夹

选择毛坯件上一个大而平整的毛坯面作为粗基准。工件和钳口之间垫上铜皮，防止划伤钳口。用划针盘校正工件上表面的位置，如图1-4-10所示。

（2）粗加工后的工件在平口钳上的装夹

让毛坯件的粗基准面靠在固定钳口，根据需要在工件下面垫上合适高度的平行垫铁。在活动钳口和工件之间放置一个圆棒，圆棒要处于被夹持部分中间偏上，如图1-4-11所示。用圆棒夹紧工件，可以使工件基准面紧贴在固定钳口面上。

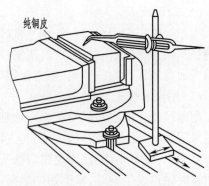

图1-4-10 垫铜皮装夹毛坯工件

（3）加工基准面的平行面时的装夹

工件处于半夹紧状态时，用铜棒或橡皮锤锤击工件表面，使垫铁和工件下表面贴紧。当用手轻推垫铁不动时，表面工件、垫铁、平口钳导轨之间没有间隙，如图1-4-12所示。敲击工件时，用力要适当且逐渐减小，用力过大会因产生较大的反作用力而影响装夹效果。

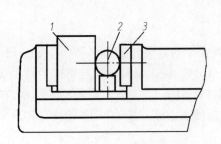

图1-4-11 加垫圆棒装夹工件

1—工件；2—圆棒；3—活动钳口

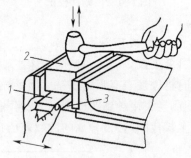

图1-4-12 加垫平行垫铁装夹工件

1—平行垫铁；2—工件；3—钳体导轨面

操作提示：

①装夹操作前用干净的毛刷和抹布擦净平口钳的钳口。

②工件的装夹高度，以铣削时铣刀不接触钳口上平面为宜，如图1-4-13所示。

③工件的装夹位置，应尽量使平口钳钳口受力均匀。

④用平行垫铁装夹工件时，所选垫铁的平面度、平行度应符合要求。

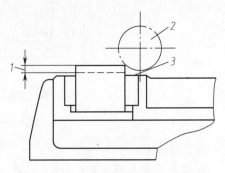

图1-4-13 余量层应高出钳口上平面

1—带切除余量层；2—铣刀；3—钳口上表面

任务评价

工件的装夹任务评价表见表1-4-2。

表 1-4-2　工件的装夹任务评价表

班级：		姓名：		日期：			
序号		评价内容		评分采用 10-9-7-5-0 分制			
				自评	组评	师评	得分
1	知识与技能	知道定位和装夹的概念					
2		掌握铣床常用的夹具种类与用途					
3		掌握平口钳的安装步骤					
4		掌握校正平口钳的方法					
5	安全	掌握装夹工件的方法					
6	职业精神	符合安全文明生产要求					
7		吃苦耐劳、有协作精神					
8		学习积极、做事主动					
评分组		成绩	因子	中间值	系数	结果	总分
知识和技能			0.5		0.4		
安全文明生产			0.1		0.3		
职业精神			0.2		0.3		

任务五　平面的铣削和主轴的调校

学习目标

1. 了解铣削的基本运动。
2. 了解铣削方法、铣削方式的分类。
3. 掌握铣削用量的概念及选择原则。
4. 掌握铣削平面的方法。
5. 掌握铣床主轴零位对铣平面的影响。

任务描述

　　在铣削加工中，平面铣削是一个最基本的加工内容，也是进一步加工其他复杂表面的基础。本任务将学习在立铣床上铣削平面的方法，任务完成效果如图 1-5-1 所示。

图 1-5-1　任务完成效果

任务分析

本任务的任务流程及任务要求见表1-5-1。

表 1-5-1　任务分析表

序号	任务流程	任务要求
1	学习铣削基本运动的概念	知道什么是主运动和进给运动
2	学习平面铣削方法的种类	能分清周铣和端铣
3	学习铣削方式的种类	能分清顺铣和逆铣
4	学习铣削用量的概念	初步懂得选择铣削用量的原则
5	调整铣床主轴零位	掌握铣床主轴零位调整的方法和注意事项
6	铣削平面	掌握铣削平面的方法和检测方法

相关知识

➢　知识点一:铣削的基本运动

1. 主运动

主运动是形成机床切削速度或消耗主要动力的运动。铣削运动中,铣刀的旋转运动是主运动。

2. 进给运动

进给运动是使工件切削层材料相继投入切削,从而加工出完整表面所需要的运动。铣削运动中,工件的移动或转动、铣刀的移动等都是进给运动。另外,进给运动按运动方向可分为纵向进给、横向进给和垂直进给三种,如图1-5-2所示。

➢　知识点二:平面的铣削方法

铣平面是铣工最常见的工作,既可在卧式铣床上铣平面,也可在立式铣床上进行铣削。平面的铣削方法包括:周铣和端铣。

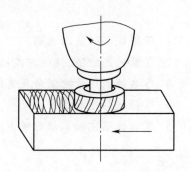

图 1-5-2　铣床的主运动和进给运动

1. 周铣

利用分布在铣刀圆柱面上的刀刃进行铣削并形成平面的加工称为圆周铣,简称周铣。周铣主要在卧式铣床上进行,铣出的平面与工作台台面平行,如图1-5-3所示,图1-5-4所示是在立式铣床上进行周铣。

2. 端铣

利用分布在铣刀端面上的刀刃进行铣削并形成平面的加工称为端铣。用端铣刀铣平面可以在卧式铣床上进行,也可以在立式铣床上进行,如图1-5-5、图1-5-6所示。

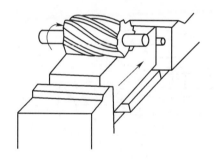

图 1-5-3　在卧式铣床上周铣

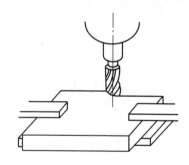

图 1-5-4　在立式铣床上周铣

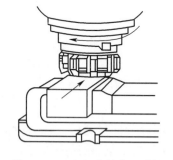

图 1-5-5　在立式铣床上端铣

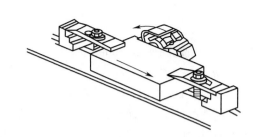

图 1-5-6　在卧式铣床上端铣

➢　知识点三：铣削方式——顺铣和逆铣

根据铣削时铣削力和进给方向的关系，可以把铣削方式分为顺铣和逆铣。

顺铣——铣刀对工件的作用力在进给方向上的分力与工件进给方向相同的铣削方式。

逆铣——铣刀对工件的作用力在进给方向上的分力与工件进给方向相反的铣削方式。

举例：用圆柱形铣刀周铣平面时的铣削方式，如图 1-5-7、图 1-5-8 所示。

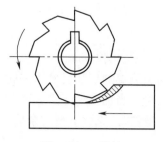

图 1-5-7　逆铣

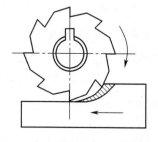

图 1-5-8　顺铣

➢　知识点四：铣削用量的概念及选择原则

铣削用量是铣削过程中所选用的切削用量。铣削用量包括：铣削速度 v_c，进给量 f_z，铣削深度 a_p，铣削宽度 a_e，如图 1-5-9 所示。

1. 铣削速度 v_c

铣削速度——铣削时铣刀切削刃上选定点相对于工件主运动的瞬时速度。

铣削速度简单地可以理解为切削刃上选定点在主运动中的线速度，即切削刃上离铣刀轴线距离最大的点在 1 min 内所经过的路程。

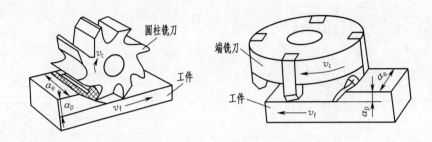

图 1-5-9　周铣与端铣时的铣削用量

$$v_c = \frac{\pi dn}{1\ 000}$$

式中　v_c——铣削速度,m/min;

d——铣刀直径,mm;

n——铣刀或铣床主轴转速,r/min。

铣削速度的选择:确定铣削速度的因素主要有铣刀切削部分的材料、工件的材料、加工阶段的性质、切削液的使用等。通常首先确定铣削深度或宽度、进给量,然后根据刀具耐用度选择铣削速度。

粗加工时,铣削力大,铣削速度应适当选低一些;精加工时,为获得较好的表面质量,铣削速度应选高一些。

2. 进给量 f_z

进给量——刀具(铣刀)在进给运动方向上相对工件的单位位移量。

进给量选择:粗铣时,主要考虑铣床、夹具、刀具等刚度,以及刀齿强度,在上述条件许可的情况下,尽可能选择大一些。精铣时,要减小表面粗糙度,所以要选择较小的值。

3. 铣削深度 a_p 和铣削宽度 a_e

铣削深度——在平行于铣刀轴线方向上测得的切削层尺寸,单位:mm。

铣削宽度——在垂直于铣刀轴线方向和工件进给方向上测得的切削层尺寸,单位:mm。

铣削深度的选择:条件允许时,可一次进给铣去全部余量。当加工精度要求较高或加工表面的表面粗糙度 Ra 值小于 6.3 μm 时,应分粗铣和精铣。粗铣时,除留下精铣余量(0.5~2.0 mm)外,应尽可能一次进给切除全部粗加工余量。

想一想

在铣削基准平面时,铣削深度怎样选择比较合理?

➤　知识点五:铣床主轴垂直度对铣削加工的影响

在用端面铣刀铣平面或用立铣刀铣削直角沟槽和台阶的侧面,以及用锯片铣刀割断工件时,对铣床主轴与工作台进给方向的垂直度要求都很高。铣床主轴零位不准时,会对零件的形状精度产生影响,使加工的表面呈凹面,如图 1-5-10 所示。因此,在加工之前必须对主轴进行找正。

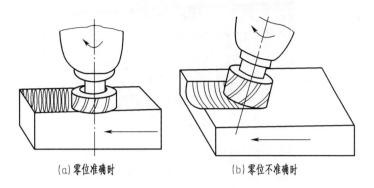

(a)零位准确时　　　　　　(b)零位不准确时

图 1-5-10　主轴零位对零件形状精度的影响

1. 铣平面

拟定加工计划(见表 1-5-2)。

表 1-5-2　加工计划表

步骤	加 工 内 容
1	工件装夹
2	安装刀具
3	确定铣削用量
4	铣削基准平面
5	去毛刺,检测平面度和表面粗糙度

(1)工件的装夹

用平口钳装夹工件,将毛坯上选好的粗基准面靠在固定钳口面上,应使工件台阶底面高出钳口的上平面,以免将钳口铣坏。

(2)选择铣刀和铣削方式

由于毛坯尺寸为 105 mm×50 mm×20 mm,所以本任务选择 $\phi63$ 的端面铣刀铣平面。在立式铣床上加工基准平面,分别用对称铣、顺铣和逆铣三种方式铣削平面。

(3)选择切削用量,对刀、调整,进行铣削

铣削基准面时,高速钢铣削速度选 15~35 mm/min,硬质合金选 80~120 m/min;进给量粗铣选 0.05~0.2 mm/z,精铣选 0.03~0.1 mm/z。在加工第一面时,切削深度取 1~1.5 mm,铣削时见光即可,以将余量尽量留给后铣的那一面。对刀、调整,铣削基准平面,如图 1-5-11 所示。铣削平面需要保证平面度和表面粗糙度,无需保证尺寸精度。参数选择建议如下:

粗铣的采用 $v_c=80$ mm/min,进给速度 $v_f=95$ mm/min;精铣时采用 $v_c=120$ mm/min,进给速度为 75 mm/min(刀具参数选择见表 1-5-3)。

图 1-5-11　铣削平面

表 1-5-3　刀具参数选择表

刀具		切削速度 v_c	主轴转速 n	进给量 f_z	进给速度 v_f	铣削深度 a_p
$\phi 63$ 端面刀	粗精加工	$v_c = 120$ m/min	606	0.03	75 mm/min	1~1.5 mm

操作提示：

①在用机夹式端铣刀进行铣削时，应先佩戴好防护眼镜，以避免高速飞出的切屑损伤眼睛。

②铣削时应紧固不使用的进给机构，工作完毕再松开。

③铣削中不准用手触摸工件和铣刀，不准测量工件，不准变换主轴转数。

④铣削中不准随意停止铣刀旋转和自动进给，以免损坏刀具、啃伤工件。若必须停止，则应先降落工作台，使铣刀与工件脱离接触方可停止操作。

（4）平面质量检测

基准平面的技术要求有两个：平面度和表面粗糙度。铣平面后，平面度可以通过刀口角尺对光检测，如图 1-5-12 所示。表面粗糙度可以通过样板比对的方法检测，如图 1-5-13 所示。

图 1-5-12　用刀口角尺检测平面度

图 1-5-13　用样板比对检测表面粗糙度

2. 调校铣床主轴垂直度

找正铣床主轴首先应切断电源，确保在安全的条件下进行工作。如图 1-5-14 所示，安装百分表，旋转主轴，百分表在左右两边读出百分表的示数，松开主轴紧固螺钉，用橡皮锤轻轻敲打主轴，使得百分表在左右两端的示数尽可能相同（在 300 mm 的范围内可以有 0.05 mm 的误差），最后锁紧主轴。

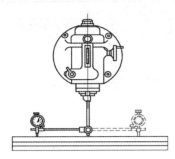

图 1-5-14 用百分表找正

操作提示：

①在松开立铣头的螺母时，不可松过多，防止事故发生。

②百分表的测量杆要与工作台表面垂直。

③百分表的旋转直径不可过小，大约要 300 mm。

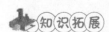 任务评价

平面的铣削和主轴的调校任务评价表见表 1-5-4。

表 1-5-4 平面的铣削和主轴的调校任务完成评价表

班级：		姓名：		日期：		
序号	评价内容		评分采用 10-9-7-5-0 分制			
			自评	组评	师评	得分
1	知识与技能	掌握铣削基本运动的概念				
2		掌握平面周铣和端铣的概念				
3		掌握顺铣和逆铣的概念				
4		掌握铣削用量的概念				
5		掌握调整铣床主轴零位的方法				
6		掌握铣削平面的方法				
7	安全	符合安全文明生产要求				
8	职业精神	吃苦耐劳、有协作精神				
9		学习积极、做事主动				
评分组	成绩	因子	中间值	系数	结果	总分
知识和技能		0.6		0.4		
安全文明生产		0.1		0.3		
职业精神		0.2		0.3		

知识拓展

铣削用量的选择原则

常用材料的铣削速度推荐值如表 1-5-5 所示。

表 1-5-5　常用材料的铣削速度推荐值

工件材料	硬度（HBW）	铣削速度（m/min）	
		硬质合金铣刀	高速钢铣刀
低、中碳钢	<220	80~150	21~40
	225~290	60~115	15~36
	300~425	40~75	9~20
高碳钢	<220	60~130	18~36
	225~325	53~105	14~24
	325~375	36~48	9~12
	375~475	36~45	9~10
灰铸铁	100~140	110~115	24~36
	150~225	60~110	15~21
	230~290	45~90	9~18
	300~320	21~30	5~10
铝镁合金	95~100	360~600	180~300

每齿进给量推荐值见表 1-5-6。

表 1-5-6　每齿进给量推荐值（mm）

工件材料	工件材料硬度（HBW）	硬质合金		高速钢			
		端铣刀	三面刃铣刀	圆柱形铣刀	立铣刀	端铣刀	三面刃铣刀
低碳钢	~150	0.20~0.4	0.15~0.30	0.12~0.20	0.04~0.20	0.15~0.30	0.12~0.20
	150~200	0.2~0.35	0.12~0.25	0.12~0.20	0.03~0.18	0.15~0.30	0.10~0.15
中、高碳钢	120~180	0.15~0.50	0.15~0.30	0.12~0.20	0.05~0.20	0.15~0.30	0.12~0.20
	180~220	0.15~0.40	0.12~0.25	0.12~0.20	0.04~0.20	0.12~0.25	0.07~0.15
	220~300	0.12~0.25	0.07~0.20	0.07~0.15	0.03~0.15	0.10~0.20	0.05~0.12
灰铸铁	150~180	0.20~0.50	0.12~0.30	0.12~0.30	0.07~0.18	0.20~0.35	0.15~0.25
	180~200	0.20~0.40	0.12~0.25	0.15~0.25	0.05~0.15	0.15~0.30	0.12~0.20
	200~300	0.15~0.30	0.10~0.25	0.10~0.20	0.03~0.10	0.10~0.15	0.07~0.12
铝镁合金	95~100	0.15~0.38	0.12~0.30	0.15~0.20	0.05~0.15	0.20~0.30	0.07~0.20

端铣时铣削深度推荐值见表 1-5-7。

表 1-5-7　端铣时铣削深度推荐值（mm）

工件材料	高速钢铣刀		硬质合金铣刀	
	粗铣	精铣	粗铣	精铣
铸铁	5~7	0.5~1	10~18	1~2
软钢	<5	0.5~1	<12	1~2
中硬钢	<4	0.5~1	<7	1~2
硬钢	<3	0.5~1	<4	1~2

任务六　长方体的铣削

 学习目标

1. 掌握长方体各面的铣削顺序。

2. 掌握垂直面、平行面铣削时工件的装夹要点。

3. 学会垂直面、平行面铣削的步骤和操作方法。

4. 学会对长方体加工质量进行分析。

任务描述

前面学习了长方体基准平面的铣削方法。众所周知,长方体毛坯一共六个面,剩下的五个面相对于已铣削好的基准面,是垂直或平行的位置关系,因此,长方体工件的铣削,关键是进行平行面和垂直面的铣削。本任务将学习在立铣床上用端面铣刀铣削垂直面和平行面的方法,任务完成效果如图 1-6-1 所示。

 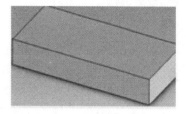

图 1-6-1　任务完成效果

任务分析

分析图 1-6-2 的零件图可以知道,长方体的长度为 100 mm,宽度为 45 mm,高度为 18 mm。在加工中主要先确定铣削表面的先后顺序,掌握铣削垂直面和平行面的装夹方法及铣削方法,然后进行铣削加工。加工中需要保证各面与基准面之间的垂直度或平行度。

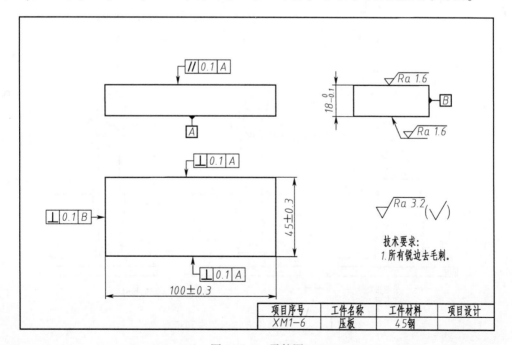

图 1-6-2　零件图

长方体铣削工艺步骤如下：

①分析图纸。

②确定铣削顺序。

③工件安装和找正。

④对刀。

⑤选择合适的铣削用量按顺序铣削垂直面或平行面。

⑥去毛刺(每铣完一面都需要去除影响基准面的毛刺)。

⑦检测。

 相关知识

➤ 知识点一：长方体各面的铣削顺序

工件可由许多不在同一平面上的平面组成。它们互相直接或间接地交接，被称为连接面。当工件表面与其基准面相互平行时，称之为平行面；当工件表面与其基准面相互垂直时，称之为垂直面；当工件表面与其基准面相互倾斜时，称之为倾斜面。

长方体各面的铣削顺序及步骤如图1-6-3所示。

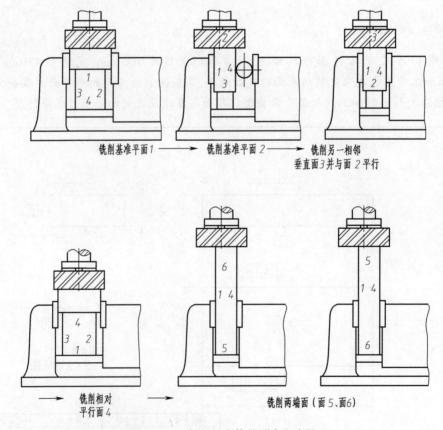

铣削基准平面1 ⟶ 铣削基准平面2 ⟶ 铣削另一相邻垂直面3并与面2平行

⟶ 铣削相对平行面4 ⟶ 铣削两端面(面5、面6)

图1-6-3 铣削长方体的顺序和步骤

➤ 知识点二：铣垂直面的装夹方法

铣垂直面——铣削与基准面具有相互垂直要求的平面。

①在平口钳上装夹并加工高精度工件时,若以其固定钳口面为定位基准,则须检测并校正固定钳口与工作台台面的垂直度是否符合要求,如图1-6-4所示。

②擦拭干净固定钳口和工件的定位基准面,将工件的基准面紧贴固定钳口,并在工件与活动钳口之间且位于活动钳口一侧中间的位置处加一根圆棒,以保证工件的基准面在夹紧后仍然与固定钳口贴合,如图1-6-5所示。

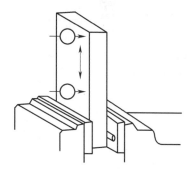

图1-6-4　检测固定钳口的垂直度

图1-6-5　用圆棒夹紧工件

③在装夹时,钳口的方向可与工作台纵向进给方向垂直或平行,如图1-6-6(a)所示。对于较薄或较长的工件,一般采用钳口的方向与工作台纵向进给方向平行的方法,如图1-6-6(b)所示。

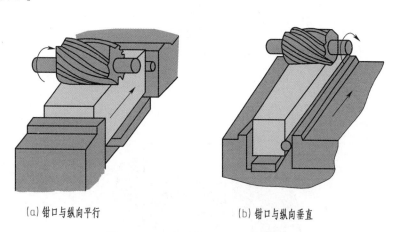

(a)钳口与纵向平行　　　　　　　　(b)钳口与纵向垂直

图1-6-6　平口钳钳口的方向设置

④对于薄而宽大的工件可选择在弯板(角铁)上装夹来进行铣削或直接装夹在工作台面上进行铣削,如图1-6-7所示。

➤　知识点三:铣平行面的装夹方法

铣平行面——铣削与基准面有平行要求的表面。

用平口钳装夹进行铣削时,平口钳钳体导轨面是主要的定位表面。

①铣削时以钳体导轨面为定位基准表面,因此,要检测钳体导轨平面与工作台台面的平行度是否符合要求,如图1-6-8所示。

②当工件高度低于平口钳钳口高度时,装夹时要在工件基准面与平口钳钳体导轨面之间垫两块高度相等的平行垫铁,如图1-6-9所示。

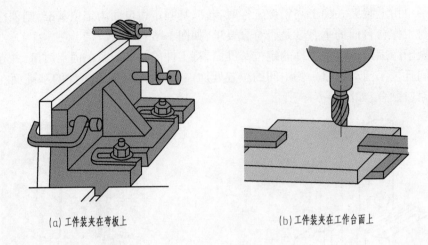

(a) 工件装夹在弯板上　　　　　　　　(b) 工件装夹在工作台面上

图 1-6-7　宽大工件的装夹

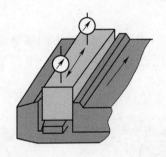

图 1-6-8　检测导轨平面与工作台的平行度

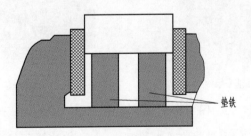

垫铁

图 1-6-9　平行垫铁的设置

> 知识点四：垂直面和平行面的铣削方法

铣垂直面和平行面时，工件一般用平口钳装夹，多在立式铣床上用端铣的方法进行铣削，如图 1-6-10 所示。

注意：端铣时，不会因铣刀刀齿高低不齐而影响到垂直度和平行度，但是会因铣床"零位"不准而影响所铣削平面的垂直度和平行度。

(a)　　　　　　　　　　　　　　(b)

图 1-6-10　端铣垂直面和平行面

➤　知识点五:垂直面和平行面的检测方法

工件的垂直度可以用刀口角尺进行检测,如图 1-6-11 所示。平行面检测主要是检测尺寸精度和平行度,可以用游标卡尺或外径千分尺检测,平行度是用游标卡尺或外径千分尺检测工件的相对面的 4 个角,用最大值减去最小值,即平行度误差,如图 1-6-12 所示。

图 1-6-11　检测垂直度　　　　　　　　　图 1-6-12　检测平行度

任务实施

1. 拟定加工计划(见表 1-6-1)

表 1-6-1　加工计划表

步骤	加 工 内 容
1	去毛刺
2	测量毛坯尺寸,计算加工余量
3	将已铣削好的基准面 1 面紧贴固定钳口,铣削 2 面,保证与 1 面的垂直度
4	1 面紧贴固定钳口,2 面贴在平行垫铁上,铣削 2 面的平行面 3 面,保证两平行面之间的尺寸 45 mm 和垂直度

续上表

步骤	加 工 内 容
5	2面紧贴固定钳口,铣削1面的对面4面,保证尺寸18 mm和平行度
6	1面紧贴固定钳口,铣削一个端面5面,保证与2面的垂直度
7	1面紧贴固定钳口,铣削另一端面6面,保证尺寸100 mm和垂直度
8	去毛刺,检测工件

2. 铣削长方体

1) 铣削垂直面

(1) 工件的装夹

擦拭干净固定钳口和工件的定位基准面,将工件表面作为基准面紧贴固定钳口,并在工件与活动钳口之间位于活动钳口一侧中心的位置上加一根圆棒,以保证工件的基准面在夹紧后能与固定钳口贴合。采用钳口方向与工作台纵向进给方向平行的方法装夹工件,如图1-6-13所示。

(2) 选择铣刀

本任务中选择 $\phi63$ 和 $\phi50$ 的端面铣刀。但是

图1-6-13 工作台纵向进给方向平行

对基准面宽而长、加工面较窄的工件,也可以在立式铣床上用立铣刀进行铣削。选择切削用量,对刀、调整,进行铣削。端面铣刀刀片为硬质合金材料,工件材料为45钢,参数选择如下:

粗铣时采用 $v_c = 80$ m/min,进给速度为95 mm/min。精铣时采用 $v_c = 120$ m/min,进给速度为75 mm/min。(刀具参数选择见表1-6-2)

表1-6-2 刀具参数选择表

刀具		切削速度 v_c	主轴转速 n	进给量 f_z	进给速度 v_f	铣削深度 a_p
$\phi63$	粗加工	$v_c = 80$ m/min	404	0.06	95 mm/min	2~4 mm
	精加工	$v_c = 120$ m/min	606	0.03	75 mm/min	0.5~1 mm

(3) 铣削垂直面

将工件调整到铣刀下方,慢慢上升工作台,当铣刀的端面刃与工件表面轻轻相切后,退出工件。根据余量情况再将工作台上升1~2 mm铣表面2面,保证与基准面 A 面垂直,并按检查垂直度方法检测1面与2面间的垂直度,若不合格应通过装夹调整,继续铣削2面,直至合格后进入下一平面的铣削。

想一想

粗铣垂直面时,如果发现垂直度不好,可能有哪些原因?

操作提示:

①铣削时应紧固不使用的进给机构,工作完毕再松开。

②每铣削完一个平面,都要将毛刺锉去,而且不能伤及工件的已加工表面。

③铣削相对平行的平面时,应注意余量的分配并严格控制工件最终尺寸。

2)铣削平行面

(1)工件的装夹

铣削平行面时,平口钳的固定钳口和钳体导轨面都将作为工件装夹时的定位基准面,如图1-6-14所示。

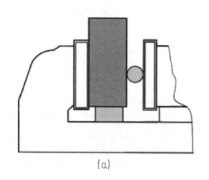
(a)

(b)

图1-6-14 铣平行面工件的装夹方法

(2)铣削平行面

平行面铣削刀具的选择和铣垂直面相同,方法同铣垂直面相似,要注意的是,所铣平面不但要与其相对的基准面平行,而且还要与相邻的次要基准平面垂直,同时要保证两平行平面之间的尺寸精度。

想一想

粗铣平行面时,如果发现平行度不好,可能有哪些原因?

操作提示:

①铣平行面时,要合理分配好相对平行的两个面的加工余量。

②在粗加工时,要检测平行度。

3)铣削两端平面

(1)工件的装夹

铣削两端平面时,主要是装夹方式有区别。铣削第五面时,要用刀口角尺校验工件,如图1-6-15所示。

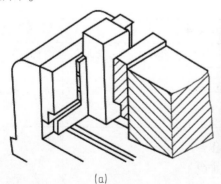
(a)

(b)

图1-6-15 铣垂直面工件的装夹方法

（2）铣削两端面

铣削两端面方法同铣削垂直面,这样保证了与其他4个已铣好的平面之间相互垂直、两端平面之间相互平行且保证尺寸精度为100 mm。

操作提示:

①第五面铣削深度不宜过大,尽量选择较小的切削深度。

②装夹时用刀口角尺校验后,粗铣铣削第一刀后还需用刀口角尺校验。

 任务评价

长方体的铣削任务评价表见表1-6-3。

表1-6-3 长方体的铣削任务评价表

评价一:目测检查、功能检查　　评分采用10-9-7-5-3-0分制						
序号	零件号	评价内容	自评	组评	师评	得分
1		按图正确加工				
2		零件外观完好				
3		毛刺去除符合要求				
4		表面粗糙度符合要求				
5		与基准面的垂直度达到0.05 mm				
评价一成绩						

评价二:尺寸检测　　评分采用10-0分制							
序号	零件号	图纸尺寸/mm	公差/mm	实际尺寸			得分
				自评	组评	师评	
1		100	±0.3				
2		45	±0.3				
3		18	−0.1				
4		平行度	0.1				
评价二成绩							

评价三:安全文明生产　　评分采用10-9-7-5-3-0分制						
序号	零件号	评价内容	自评	组评	师评	得分
1		未违反安全文明操作规范,未损坏机床、夹具和刀具				
2		工量具摆放整齐有序,工作台整理达到要求,机床及周围干净清洁				
评价三成绩						

续上表

评分组	成绩	因子	中间值	系数	结果	总分
目测检查		0.5		0.2		
尺寸检测		0.4		0.4		
安全文明生产		0.2		0.4		

分析总结

铣削长方体存在的问题	原因分析	解决办法

任务拓展

1. 铣削平面与基准面间不垂直的主要原因及处理办法(见表1-6-4)

表1-6-4 铣削平面与基准面间不垂直的原因及处理办法

产 生 原 因	处 理 办 法
平口钳或工件上有杂物	装夹工件时要去净毛刺并擦拭干净固定钳口和工件基准面
固定钳口因磨损等原因与工作台面不垂直	安装平口钳时,要擦拭干净工作台和平口钳底,必要时采用垫纸或铜皮的方法来调整固定钳口
因夹紧力过大,使固定钳口外倾,导致工件基准面与工作台面不垂直	适当减小夹紧力

固定钳口垂直度不好的补救措施如下:

①在固定钳口与工件基准面间垫长条形的纸片或铜皮,如图1-6-16(a)所示。

②在平口钳底面加垫长条形的纸片或铜皮,如图1-6-16(b)所示。

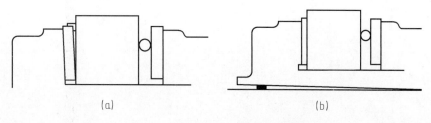

(a)　　　　　　　　　　　　(b)

图1-6-16 钳口垂直度不好的补救措施

2. 铣削平面与基准面间不平行的主要原因及处理办法(见表 1-6-5)

表 1-6-5　铣削平面与基准面间不平行的主要原因及处理办法

产 生 原 因	处 理 办 法
所垫的两平行垫铁厚度不相等	两平行垫铁应在磨床上同时磨出
工件上与固定钳口相对的平面与基准面不垂直,夹紧时(特别是在活动钳口处采取了夹圆棒的方法)使该平面与固定钳口紧密贴合,造成基准面与钳体导轨面不平行	在铣削平行面之前,一定要先保证两基准面之间的垂直度
活动钳口与钳体导轨面存在间隙,在夹紧工件时活动钳口受力上翘,使活动钳口一侧的工件随之上抬	在装夹工件时,预紧后需用铜质或木质手锤轻轻敲击工件顶面,直到两平行垫铁(或两铜皮)的 4 端均没有松动现象时再夹紧工件
平口钳钳体导轨面与铣床工作台台面不平行。平口钳底面与工作台台面之间有杂物,以及平口钳钳体导轨面本身与底面不平行	应注意清除毛刺和切屑,必要时需检查平口钳钳体导轨面与工作台台面间的平行度,并修磨导轨及底座

项目二　铣削压板

任务一　斜面的铣削

![学习目标]

1. 掌握斜面的表示方法和几种不同的铣削方法。
2. 学会选择铣削斜面的刀具及参数。
3. 学会选择合理的量具检测斜面。
4. 掌握斜面的铣削操作和对斜面加工质量进行分析的方法。

![任务描述]

　　斜面，顾名思义，就是倾斜的平面。在铣削加工中，斜面很常见，如压板的前端斜面、V形槽的槽面、倒角等都含有斜面的元素，所以铣削斜面也是必备的基本技能。在本任务中将学习在立铣床上采用倾斜工件、使用端面铣刀铣削的方法，任务完成效果如图2-1-1所示。

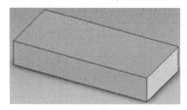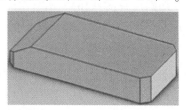

图2-1-1　任务完成效果

![任务分析]

　　分析图2-1-2可以知道，此工件有一个30°的斜面和4个45°倒角。在加工中主要要保证斜面的倾斜角度和尺寸。在卧式铣床上可以采用角度铣刀铣斜面，在立式铣床上使用端面铣刀可以采用倾斜工件或倾斜刀具的方法来铣削斜面。本工件选择在立式铣床使用倾斜铣刀铣削工件的方法加工。斜面铣削的工艺步骤如下：
　　①划线。
　　②选择安装铣刀。
　　③安装工件和找正。
　　④对刀。
　　⑤选择合适的铣削用量铣削斜面。

⑥倒角去毛刺。

⑦检测。

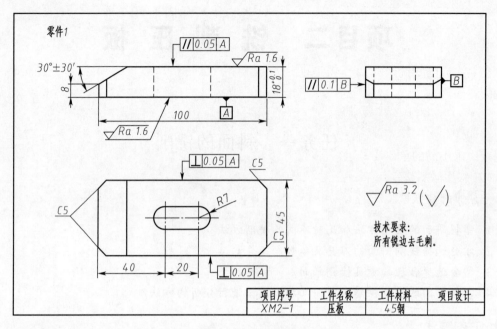

图 2-1-2　零件图

相关知识

➢ 知识点一:斜面的表示方法

斜面是与其基准面成倾斜状态的平面。

1. 倾斜角度的度数表示法

倾斜程度大的斜面(斜度大)用倾斜角度 α 表示。如图 2-1-3 所示,其斜面和基准面的夹角等于20°。

图 2-1-3　度数表示法

2. 斜度 S 的比值表示法

倾斜程度小的斜面用斜度 S 的比值方法表示,如图 2-1-4 所示。

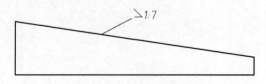

图 2-1-4　斜度表示方法

$$S = \tan\alpha$$

式中 S——斜度比值;

　　α——斜面与基准面之间的夹角。

➢ 知识点二:斜面铣削的方法

1. 工件倾斜铣斜面

在立式或卧式铣床上,铣刀无法实现转动角度的情况下,可以将工件倾斜所需角度安装进行铣削斜面。

(1)按划线装夹工件铣削斜面

按划线装夹工件铣削斜面,如图 2-1-5 所示,这种铣削斜面的方法操作简单,仅适合于加工精度要求不高的单件小型工件的生产。

(2)采用倾斜垫铁铣削斜面

采用倾斜垫铁铣削斜面,如图 2-1-6 所示,可一次完成对工件的校正和调整,大大提高批量工件生产的效率。

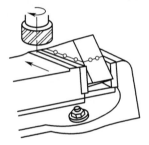

图 2-1-5　按划线装夹工件铣削斜面

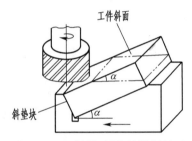

图 2-1-6　采用倾斜垫铁铣削斜面

(3)利用靠铁铣削斜面

尺寸较大的零件,可以用压板装夹。方法是在工作台上安装一块倾斜靠铁,用百分表找正斜度,然后使工件的基准面靠在靠铁定位面上,如图 2-1-7 所示。

(4)偏转平口钳钳体铣削斜面

利用平口钳钳口与机床工作台横向或纵向倾斜一定的角度,也可铣削斜面。方法是松开钳体的紧固螺钉,让钳体相对底座回转一定角度,使钳口倾斜程度符合工件的要求,然后固定钳体,如图 2-1-8 所示。

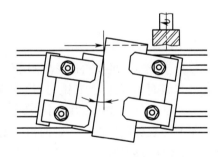

图 2-1-7　利用靠铁铣削斜面

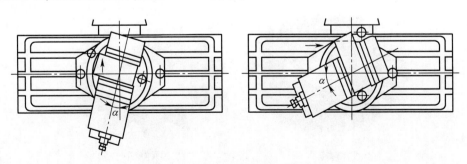

图 2-1-8　偏转平口钳钳体铣削斜面

（5）利用不等高垫铁铣削斜面

铣削斜度很小的斜面时，可按斜度计算出相应长度间的高度差 δ，然后在相应长度间垫上不等高垫铁，如图 2-1-9 所示。

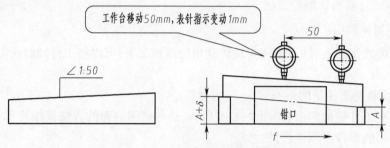

图 2-1-9　垫不等高垫铁铣削斜面

2. 倾斜铣刀铣斜面

将铣床主轴倾斜一个角度，就可以倾斜铣刀铣斜面，如图 2-1-10 所示。

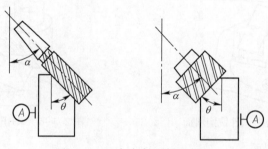

图 2-1-10　倾斜铣刀铣削斜面

3. 用角度铣刀铣斜面

批量生产窄长的工件时，适合用角度铣刀铣斜面，如图 2-1-11 所示。选择铣刀时，铣刀角度要与斜面角度适应，且铣刀刀刃长度要大于工件斜面宽度，如图 2-1-12 所示。

➤　知识点三：斜面的检测方法

斜面的表面质量可以用表面粗糙度样板比对检测。斜面角度一般可用万能角度尺进行检测，如图 2-1-13 所示。

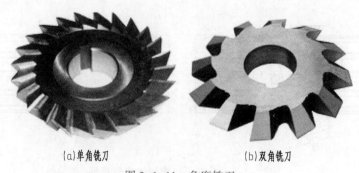

(a)单角铣刀　　　　　(b)双角铣刀

图 2-1-11　角度铣刀

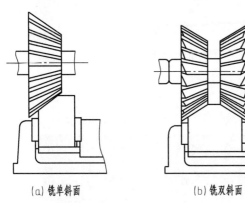

(a) 铣单斜面　　　(b) 铣双斜面

图 2-1-12　利用角度铣刀铣削斜面

图 2-1-13　万能角度尺

➤　知识点四:影响斜面铣削精度的因素

1. 影响斜面尺寸精度的因素

①测量不准,将尺寸铣错。

②铣削过程中,工件有松动现象。

2. 影响斜面角度的因素

①立铣头转动角度不准确。

②按划线装夹工件铣削时,划线不准或铣削时工件产生位移。

③用角度铣刀铣削时,铣刀角度不准。

④工件装夹时,平口钳口、钳体导轨面及工件表面未擦净。

3. 影响斜面表面粗糙度的因素。

①进给量过大。

②铣刀不锋利。

③机床、夹具刚性差,铣削中有振动。

④铣削钢件时未使用切削液。

🚂 任务实施

1. 拟定加工计划(见表 2-1-1)

表 2-1-1　加工计划表

步骤	加工内容
1	去毛刺
2	测量毛坯尺寸,计算加工余量
3	划线
4	按划线倾斜工件
5	铣削 30°的斜面
6	立铣头偏转成 45°
7	用端面铣刀铣削 4 个倒角
8	立铣头复位
9	去毛刺,检测工件

2. 铣削斜面

（1）工件的装夹和找正

此任务中工件可用平口钳装夹，采用平口钳装夹工件时，应找正固定钳口。装夹工件时，应使工件斜面划线高出钳口的上平面，或者使要加工的斜面部分伸出平口钳钳口以外，以免将钳口铣坏。加工斜面可以采用倾斜刀具的方法加工如图 2-1-14(a) 所示，也可以采用倾斜工件的方法加工，用划针盘或高度游标卡尺找正使划线水平，如图 2-1-14(b) 所示。

(a)倾斜刀具加工斜面　　　　　　　　(b)倾斜工件加工斜面

图 2-1-14　工件的装夹

（2）根据确定的铣削方案，选择铣刀

选择用端面铣刀铣削斜面，30°斜面用划线后倾斜工件的方法加工，4 个 45°倒角用偏转立铣头的方法加工。

在用端面铣刀铣削斜面时，为保护铣刀，一般采用分层次粗铣，最后将斜面尺寸一次精铣到位。本任务中选择 $\phi63$ 或 $\phi50$ 的端面铣刀。

偏转立铣头时，应先松开主轴锁紧螺母，再使用扳手慢慢旋动立铣头转动调整齿轮轴，调整主轴偏转角度，到合适的角度时，再依次旋紧立铣头锁紧螺母，如图 2-1-15 所示。

(a)　　　　　　　　(b)　　　　　　　　(c)

图 2-1-15　偏转立铣头

想一想

当调整立铣头转动时，立铣头的旋转方向与调整齿轮轴的方向是一致还是相反？

（3）选择切削用量，对刀、调整，进行铣削

粗铣时采用切削速度 $v_c = 100$ m/min，进给速度 $v_f = 0.05$ mm/min；精铣时采用切削速度

$v_c = 150$ m/min，进给速度 $v_f = 0.03$ mm/min。

（4）划线铣削斜面时对刀调整的步骤如图 2-1-16 所示。

①在上方对刀，缓慢下降铣刀或上升工作台，使刀具刚擦到工件上两垂直面的交线，横向退出工件，并上升一个铣削深度。

②工件横向进给，如图 2-1-17 所示。铣削后测量尺寸，计算余量，然后精铣至尺寸，以划线为准。

图 2-1-16　对刀方法

图 2-1-17　铣削 30° 的斜面

③铣 45° 倒角对刀方法如图 2-1-18 所示。对刀后，工作台纵向移动 5 mm，进行铣削，如图 2-1-19 所示。

图 2-1-18　对刀

图 2-1-19　铣 45° 倒角

想一想

铣 45° 倒角时，对刀后，工作台纵向移动 5 mm 进行铣削，能否主轴下降 5 mm 铣削？为什么？

操作提示：

①铣削倒角时，注意防止铣过尺寸。

②采取转立铣头方法铣 45° 倒角时，零件装夹定位采取统一标准，调整好尺寸，铣好一个倒角后，其余 3 个倒角不再调整刀具位置，每个倒角一次铣削到尺寸。

 任务评价

斜面的铣削任务评价表见表2-1-2。

表 2-1-2　斜面的铣削任务评价表

评价一:目测检查、功能检查　评分采用 10-9-7-5-3-0 分制

序号	零件号	评价内容	自评	组评	师评	得分
1		按图正确加工				
2		零件外观完好				
3		毛刺去除符合要求				
4		表面粗糙度符合要求				
5		45°倒角				

评价一成绩

评价二:尺寸检测　评分采用 10-0 分制

序号	零件号	图纸尺寸/mm	公差/mm	实际尺寸			得分
				自评	组评	师评	
1		30°	±30′				

评价二成绩

评价三:安全文明生产　评分采用 10-9-7-5-3-0 分制

序号	零件号	评价内容	自评	组评	师评	得分
1		未违反安全文明操作规范,未损坏机床、夹具和刀具				
2		工量具摆放整齐有序,工作台整理达到要求,机床及周围干净清洁				

评价三成绩

评分组	成绩	因子	中间值	系数	结果	总分
目测检查		0.5		0.2		
尺寸检测		0.1		0.4		
安全文明生产		0.2		0.4		

分析总结

铣削斜面存在的问题	原因分析	解决办法

任务二　T形槽螺栓的铣削

学习目标

1. 掌握T形槽螺栓铣削的步骤和操作方法。
2. 学会选择铣削T形槽螺栓的刀具及参数。
3. 学会选择合理的量具检测T形槽螺栓。
4. 学会对T形槽螺栓加工质量进行分析。

任务描述

为了装夹工件，需要有T形槽螺栓来固定平口钳等夹具或工件。T形槽螺栓在铣床的夹具工装固定时应用广泛。在本任务中将学习在立铣床上用立铣刀铣削T形槽螺栓的两个平行面的方法，任务完成效果如图2-2-1所示。

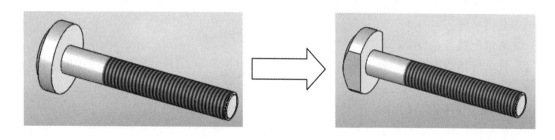

图2-2-1　任务完成效果

任务分析

分析图2-2-2零件图可以知道，铣削前的毛坯来自车工件，T形槽螺栓的螺纹和直径$\phi30$的外圆部分已完成，在铣床上需要加工尺寸为22 mm的两个平行面。在加工中主要要保证两面的基本尺寸和平行度。在卧式铣床上可以采用三面刃铣刀铣削沟槽，在立式铣床上可以采用端面铣刀、直径较大的立铣刀铣削。T形槽螺栓铣削工艺步骤：

①用万能分度头装夹工件并找正。

②对刀。

③铣削T形槽头部第一面。

④用简单分度法分度，铣第二面。

⑤去毛刺。

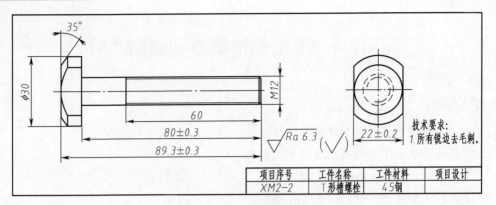

项目序号	工件名称	工件材料	项目设计
XM2-2	T形槽螺栓	45钢	

图 2-2-2　T形螺栓零件图

相关知识

> 知识点一：万能分度头的结构与功用

1. 万能分度头的应用

万能分度头可以完成下列工作：

①完成等分或不等分的圆周分度工作，如加工方头、六角头、齿轮、花键，以及刀具的等分或不等分刀齿等。

②通过配换齿轮，用来完成螺旋槽和凸轮的加工。

③使工件轴线相对于铣床工作台倾斜一定角度，以加工与工件轴线成一定角度的平面、沟槽等。

2. 万能分度头的结构

万能分度头的主要结构有基座、回转体、主轴、侧轴、刻度盘、分度孔盘、分度叉、分度插销等，F11125 型分度头及附件如图 2-2-3 所示。

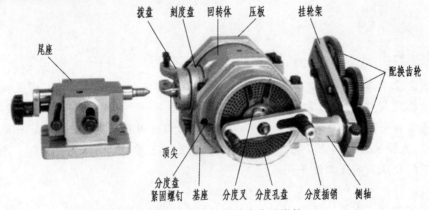

图 2-2-3　F11125 型分度头及附件

3. 万能分度头的传动系统

万能分度头虽有多种型号，但大致结构一样。万能分度头的传动系统如图 2-2-4 所示。

4. 万能分度头的附件

万能分度头的附件有顶尖、拨盘、挂轮架、千斤顶、三爪卡盘、鸡心夹头、挂轮轴、配换齿轮等,如图 2-2-5 所示。

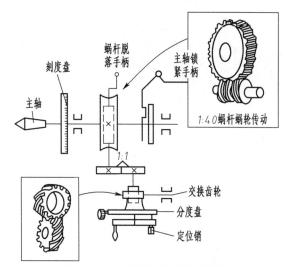

图 2-2-4　万能分度头传动系统

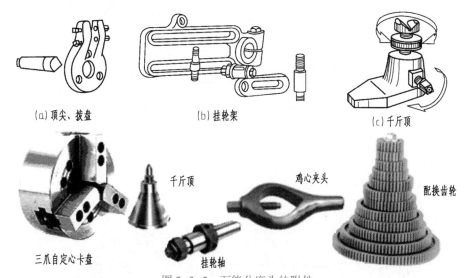

(a)顶尖、拨盘　　　　(b)挂轮架　　　　　　　(c)千斤顶

图 2-2-5　万能分度头的附件

想一想

如何对分度头进行维护保养?

➢ **知识点二:用分度头装夹工件的方法**

1. 用三爪自定心卡盘装夹工件

卡盘装夹主要用于装夹较短的轴类零件,如图 2-2-6 所示。

2. 用心轴装夹工件

心轴主要用于装夹套类及带孔盘类零件,如图 2-2-7 所示。

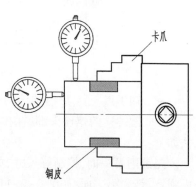

图 2-2-6　三爪卡盘装夹工件

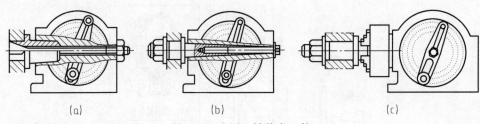

(a)   (b)   (c)

图 2-2-7 用心轴装夹工件

3. 用一夹一顶装夹

一夹一顶适用于装夹一端有中心孔的较长轴类工件,如图 2-2-8 所示。铣削时刚性较好,但校正工件与主轴同轴度较困难,装夹工件前,应先校正分度头和尾座。

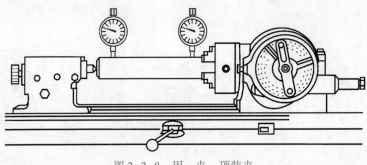

图 2-2-8 用一夹一顶装夹

4. 两顶尖装夹

两顶尖装夹适用两端有中心孔的工件,如图 2-2-9 所示。

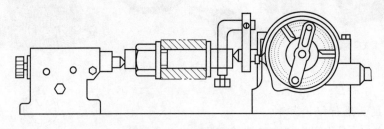

图 2-2-9 两顶尖装夹

> 知识点三:T 形槽螺栓的铣削方法

T 形槽螺栓的螺栓头部铣削时可以用万能分度头装夹,用端面铣刀或立铣刀铣削,具体方法如下:

先铣削第一面,控制好尺寸,如图 2-2-10 所示。然后将分度头主轴转动 180°,翻转第一面朝下,铣削第二面,如图 2-2-11 所示,保证尺寸。

> 知识点四:T 形槽螺栓的检测

T 形槽螺栓主要检测相对边的尺寸,可以用千分尺或游标卡尺检测,如图 2-2-12 所示。

图 2-2-10　铣削第一面

图 2-2-11　铣削相对面

(a)

(b)

图 2-2-12　T形槽螺栓相对边尺寸检测

任务实施

1. 拟定加工计划(见表 2-2-1)

表 2-2-1　加工计划表

步骤	加工内容
1	去毛刺
2	测量毛坯尺寸,计算加工余量

续上表

步骤	加 工 内 容
3	用分度头装夹工件
4	对刀
5	铣削T形槽头螺栓部至尺寸22 mm,保证对称度
6	去毛刺,检测工件

2. 铣削T形槽螺栓

(1)工件的装夹和找正

T形槽螺栓头部铣削采用万能分度头装夹,如图2-2-13所示。采用分度头装夹工件时,应找正分度头轴线,使分度头主轴与铣床工作台及进给方向平行。装夹工件时,应使T形槽螺栓头部距离分度头卡盘的卡爪留有一定的安全距离,以免将分度头卡爪铣坏。

操作提示:

铣削之前,需要检测工件外圆的圆跳动。

想一想

铣削T形槽螺栓头部时,工件应该选择横向进给还是纵向进给?为什么?

(2)根据确定的铣削方案,选择铣刀

铣削T形槽螺栓头部可以采用端面铣刀或立铣刀铣削,螺栓头的单边铣削余量约为4 mm,可以采用粗铣后测量尺寸,最后将螺栓头精铣到位。

(3)选择切削用量,对刀、调整,进行铣削

粗铣时采用切削速度 $v_c = 30$ mm/min,进给速度 $v_f = 75$ mm/min;

精铣时采用切削速度 $v_c = 50$ mm/min,进给速度 $v_f = 50$ mm/min。

(4)立铣刀铣削T形槽螺栓头部的方法

①在上表面对刀,缓慢下降铣刀或上升工作台,使刀具刚擦到工件上表面,如图2-2-14所示。然后横向退出工件,并上升一个铣削深度。

图2-2-13 采用万能分度头装夹T形槽螺栓头

图2-2-14 对刀

②工件横向进给,铣削后测量尺寸,计算余量,然后精铣至尺寸,依次粗铣、精铣另一面。

操作提示:

①铣削时,注意防止铣伤分度头卡盘。

②安装分度头时,防止砸伤手或砸伤工作台。

③分度前,要把主轴锁紧手柄松开;分度后,要锁紧分度头主轴。

④分度时,摇柄上的插销应对正孔眼,慢慢地插入孔中。

⑤当摇柄转过预定孔的位置时,必须消除蜗轮与蜗杆的配合间隙。

⑥分度头的转动体需要扳转角度时,要松开紧固螺钉。

 任务评价

T形槽螺栓的铣削任务评价表见表2-2-2。

表2-2-2　T形槽螺栓的铣削任务评价表

评价一:目测检查、功能检查　　评分采用 10-9-7-5-3-0 分制						
序号	零件号	评价内容	自评	组评	师评	得分
1		按图正确加工				
2		零件外观完好				
3		毛刺去除符合要求				
4		表面粗糙度符合要求				
5		基准面平行度达到 0.1 mm				
评价一成绩						

评价二:尺寸检测　　评分采用 10-0 分制						
序号	零件号	图纸尺寸/mm	公差/mm	实际尺寸		得分
				自评	组评	师评
1		89.3	±0.3			
2		80	±0.3			
3		22	±0.2			
评价二成绩						

评价三:安全文明生产　　评分采用 10-9-7-5-3-0 分制						
序号	零件号	评价内容	自评	组评	师评	得分
1		未违反安全文明操作规范,未损坏机床、夹具和刀具				
2		工量具摆放整齐有序,工作台整理达到要求,机床及周围干净清洁				
评价三成绩						

续上表

评分组	成绩	因子	中间值	系数	结果	总分
目测检查		0.5		0.2		
尺寸检测		0.3		0.4		
安全文明生产		0.2		0.4		

分析总结

铣削 T 形槽螺栓存在的问题	原因分析	解决办法

操作提示：

①测量前检查量具测量面是否擦拭干净。

②检测前量具要校零。

③检测时要掌握正确的测量方法。

④对不符合要求的检测项要进行质量分析。

项目三　铣削凹凸配合件

任务一　直角沟槽的铣削

学习目标

1. 了解直角沟槽的种类。
2. 掌握铣削直角沟槽的方法。
3. 掌握直角沟槽的检测方法。
4. 能对铣削的直角沟槽进行质量分析。

任务描述

在铣削加工中,直角沟槽的铣削是一个常见的加工内容,是铣工必须掌握的技能。在本任务中将学习在立铣床上用立铣刀铣削直沟槽的方法,任务完成效果如图 3-1-1 所示。

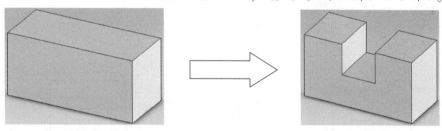

图 3-1-1　任务完成效果

任务分析

分析图 3-1-2 可以知道,直沟槽宽度为 18 mm,高度为 18 mm。在加工中主要要保证沟槽的宽度和深度尺寸及对称度。在卧式铣床上可以采用三面刃铣刀铣削沟槽,在立式铣床上可以采用立铣刀或者键槽铣刀。由于本工件要和后面要加工的凸件配合,所以加工时还要考虑两个零件的配合。直角沟槽铣削工艺步骤如下:

①铣削长方体。
②选择铣削直角沟槽的铣刀。
③工件安装和找正。
④对刀。
⑤选择合适的铣削用量铣削直沟槽。

⑥倒角去毛刺。

⑦检测。

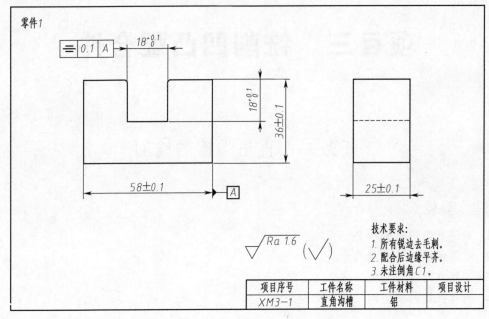

图 3-1-2　直角沟槽零件图

相关知识

➤ 知识点一：直角沟槽的种类

直角沟槽一般有通槽、半通槽(亦称半封闭槽)和封闭槽,如图 3-1-3 所示。

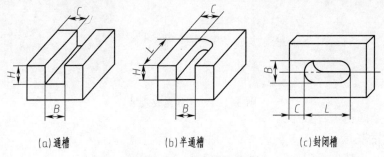

(a)通槽　　　　　　　(b)半通槽　　　　　　　(c)封闭槽

图 3-1-3　直沟槽的种类

➤ 知识点二：铣削直角沟槽的铣刀

铣削直沟槽常用的铣刀有三面刃铣刀、立铣刀和键槽铣刀等(见图 3-1-4),此外还有合成铣刀、盘形槽铣刀等(见图 3-1-5)。

➤ 知识点三：铣削直角沟槽的方法

直角通槽主要用三面刃铣刀铣削,也可以用立铣刀来铣削。具体方法如下：

(a)三面刃铣刀　(b)立铣刀　(c)键槽铣刀

图 3-1-4　铣削直沟槽常用铣刀

1. 用立铣刀铣削直角沟槽

立式铣床通常用立铣刀铣削直角沟槽。当直角沟槽宽度≥25 mm 时,一般采用立铣刀扩铣法进行加工,如图 3-1-6 所示,或采用端面铣刀完成沟槽两侧面粗铣和底面的粗精铣,再由立铣刀精铣侧面。

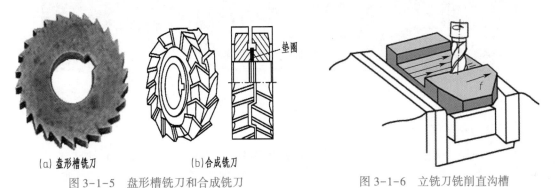

(a) 盘形槽铣刀　　　　　　(b)合成铣刀
图 3-1-5　盘形槽铣刀和合成铣刀　　　　　图 3-1-6　立铣刀铣削直沟槽

2. 用三面刃铣刀铣削直角通槽

卧式铣床通常用三面刃铣刀铣削直角通槽。一般铣刀的宽度 L 应≤槽宽 B,即 $L \leq B$;铣刀直径应满足 $D > d + 2H$,如图 3-1-7 所示。

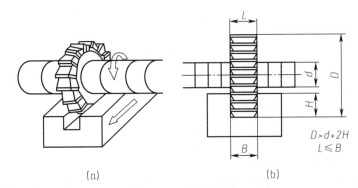

(a)　　　　　　　　　　　　(b)
图 3-1-7　铣刀的选择

> **知识点四:直角沟槽的检测**

直角沟槽的长度、宽度和深度一般使用游标卡尺检测,尺寸精度较高时,槽的宽度可用塞规检测,对称度或平行度可用百分表检测,如图 3-1-8 所示。

> **知识点五:用立铣刀或键槽铣刀铣半通槽和封闭槽**

1. 半通槽的铣削

半通槽的铣削多采用立铣刀铣削,如图 3-1-9 所示。铣刀直径应≤沟槽宽度。铣较深的沟槽时,应采取分层铣削的方法。

图 3-1-8　用杠杆百分表检测直角沟槽的对称度

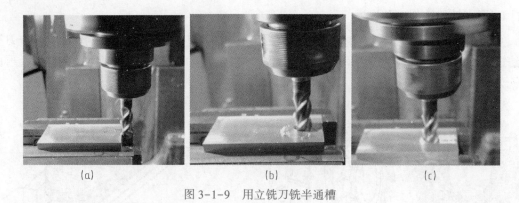

(a)　　　　　　　(b)　　　　　　　(c)

图 3-1-9　用立铣刀铣半通槽

2. 立铣刀铣封闭沟槽

立铣刀铣封闭沟槽需要在槽的一端预先钻落刀孔,如图 3-1-10(a) 所示,然后在落刀孔位置开始铣削,如图 3-1-10(b) 所示。落刀孔的直径应小于铣刀直径。铣较深沟槽时,应分层铣削。

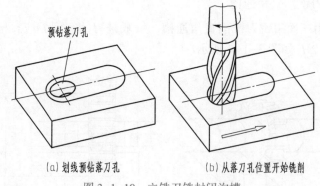

(a) 划线预钻落刀孔　　　　　　　(b) 从落刀孔位置开始铣削

图 3-1-10　立铣刀铣封闭沟槽

3. 键槽铣刀铣封闭沟槽

键槽铣刀常用于加工较高精度的封闭沟槽或半通槽。键槽铣刀铣封闭沟槽无需落刀孔,对刀后可以直接落刀,铣较深沟槽时,同样应分层铣削,如图 3-1-11 所示。

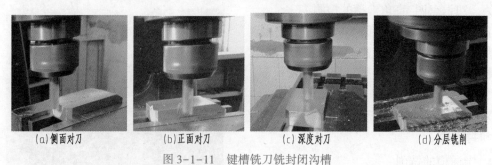

(a) 侧面对刀　　　(b) 正面对刀　　　(c) 深度对刀　　　(d) 分层铣削

图 3-1-11　键槽铣刀铣封闭沟槽

➤　知识点六:影响沟槽铣削精度的因素

1. 影响尺寸精度的因素

①扩刀铣削时手动进给不准确。

②测量不准确。

③铣刀出现让刀或扎刀现象。

④铣刀摆动太大。

⑤铣床主轴零位不准。

2. 影响形状精度的因素

①平口钳固定钳口找正不准确,使铣削的沟槽歪斜。

②立铣头零位不准,纵向铣削时会使沟槽底面铣成凹面。

3. 影响表面粗糙度的因素

①铣刀变钝。

②铣刀跳动太大。

③进给量过大。

④铣削钢件没用切削液或选用不当。

⑤铣削振动太大。

⑥不用的进给方向未锁紧。

 **任务实施**

1. 拟定加工计划(见表 3-1-1)

表 3-1-1 加工计划表

步骤	加 工 内 容
1	去毛刺
2	测量毛坯尺寸,计算加工余量
3	铣削六面体保证尺寸 58 mm×36 mm×25 mm 和平行度、垂直度
4	划线
5	铣削 18 mm×18 mm 的沟槽至尺寸,保证对称度
6	去毛刺,检测工件

2. 铣削直角钩槽

(1)工件的装夹和找正

一般情况下工件采用平口钳装夹;采用平口钳装夹工件时,应找正固定钳口及铣床主轴的零位。在卧式铣床上铣窄长的直角通槽时,固定钳口应与铣床主轴轴线垂直如图 3-1-12(a)所示;在窄长工件上铣削与工件长度方向垂直的直通槽时,平口钳固定钳口应与铣床主轴轴线平行,如图 3-1-12(b)所示。在立式铣床上,工件装夹相对更加灵活些。

(2)根据确定的铣削方案,选择铣刀

在用立铣刀铣削时,为保护铣刀,一般采用分层次粗铣,最后将直角沟槽的宽度和深度一次精铣到位。铣刀的选用原则是铣刀的直径≤沟槽的宽度,在条件允许的情况下,应选用直径较大的立铣刀铣沟槽,以提高铣削效率。本任务中选择 $\phi16$ 的高速钢立铣刀。

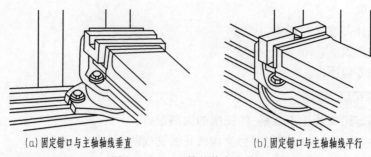

(a) 固定钳口与主轴轴线垂直　　　(b) 固定钳口与主轴轴线平行

图 3-1-12　工件的装夹和找正

（3）选择切削用量，对刀、调整，进行铣削

粗铣时采用切削速度 v_c = 40 m/min，进给速度 v_f = 60 mm/min；

精铣时采用切削速度 v_c = 50 m/min，进给速度 v_f = 37.5 mm/min。

（4）对刀方法

①先对侧面，如图 3-1-13（a）所示，用立铣刀侧刃轻擦工件侧面，抬起立铣刀，按台阶宽度沿着纵向移动相应的位置，使立铣刀位于槽中间，然后将纵向锁紧。

②再对上表面，如图 3-1-13（b）所示，将铣刀摇至工件的上平面，在已划线区域内使铣刀轻轻接触到工件的表面，将立铣头上刻度盘的读数调到零。横向退出铣刀，下降一个铣削深度开始铣削。

(a) 侧面对刀　　　　　　　　　　(b) 深度对刀

图 3-1-13　对刀的方法

操作提示：

①立铣刀一定要装夹牢固，防止扎刀。

②立铣刀伸出长度不可过长，以提高刚性。

③为避免产生窜动现象，铣削工作台时应锁紧不使用的进给机构。

④用立铣刀铣削时，注意选择合理的切削用量及冷却液。

⑤在用顺铣的方式进行加工时，加工余量不应超过 1 mm。

想一想

①为什么铣沟槽要分为粗铣和精铣？

②什么是顺铣？什么是逆铣？粗加工和精加工如何选用顺铣或逆铣？

③铣沟槽对刀的方式有哪些种类？

任务评价

直角沟槽的铣削任务评价表见表3-1-2。

表3-1-2　直角沟槽的铣削任务评价表

评价一：目测检查、功能检查		评分采用 10-9-7-5-3-0 分制					
序号	零件号	评价内容		自评	组评	师评	得分
1		按图正确加工					
2		零件外观完好					
3		毛刺去除符合要求					
4		表面粗糙度符合要求					
5		基准面平行度 0.05 mm					
6		基准面垂直度 0.05 mm					
评价一成绩							

评价二：尺寸检测		评分采用 10-0 分制					
序号	零件号	图纸尺寸/mm	公差/mm	实际尺寸			得分
				自评	组评	师评	
1		58	±0.1				
2		36	±0.1				
3		25	±0.1				
4		宽 18	+0.1				
5		深 18	+0.1				
6		对称度	0.1				
评价二成绩							

评价三：安全文明生产		评分采用 10-9-7-5-3-0 分制					
序号	零件号	评价内容		自评	组评	师评	得分
1		未违反安全文明操作规范，未损坏机床、夹具和刀具					
2		工量具摆放整齐有序，工作台整理达到要求，机床及周围干净清洁					
评价三成绩							

评分组	成绩	因子	中间值	系数	结果	总分
目测检查		0.6		0.2		
尺寸检测		0.6		0.4		
安全文明生产		0.2		0.4		

续上表

分析总结

铣削直角沟槽存在的问题	原因分析	解决办法

操作提示：

①测量前检查量具测量面是否擦拭干净。

②检测前量具要校零。

③检测时要掌握正确的测量方法。

④对不符合要求的检测项要进行质量分析。

任务二　台阶的铣削

学习目标

1. 掌握铣削台阶的步骤和操作方法。
2. 学会选择铣削台阶的刀具及参数。
3. 学会选择合理的量具检测台阶。
4. 学会对台阶加工质量进行分析。

任务描述

在铣削加工中，台阶铣削是一个常见的加工内容，是铣工必备技能。铣床的横向溜板导轨、平口钳的钳口都有台阶。在本任务中将学习在立铣床上用立铣刀铣削台阶的方法，任务完成效果如图 3-2-1 所示。

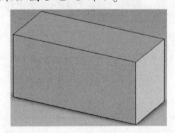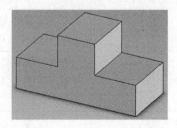

图 3-2-1　任务完成效果

任务分析

分析零件图 3-2-2 可以知道台阶宽度为 20 mm，高度为 18 mm。在加工中主要要保证台阶宽度和高度尺寸精度，以及对称度。在卧式铣床上可以采用三面刃铣刀铣台阶，在立式铣床

上可以采用立铣刀或者端面铣刀粗铣,然后立铣刀精铣侧面的方法。本任务选择在立式铣床加工。台阶铣削工艺步骤如下:

①铣长方体。

②选择铣台阶的铣刀。

③工件安装和找正。

④对刀。

⑤选择合适的铣削用量铣削台阶。

⑥倒角去毛刺。

⑦检测。

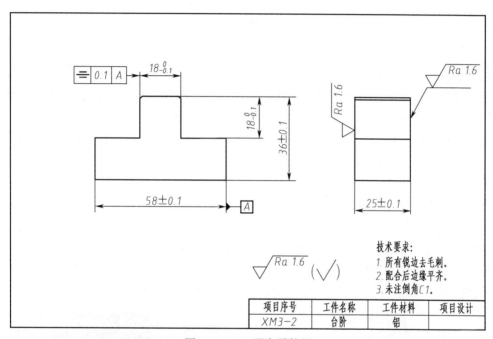

图 3-2-2　T形台零件图

技术要求:
1. 所有锐边去毛刺。
2. 配合后边缘平齐。
3. 未注倒角C1。

项目序号	工件名称	工件材料	项目设计
XM3-2	台阶	铝	

相关知识

➤ 知识点一:铣削台阶的常用刀具

在铣床上加工台阶,通常可以在卧式铣床上用三面刃铣刀和在立式铣床上用端面铣刀或立铣刀进行铣削。

立铣刀有很多种,用于铣直角沟槽的主要有两齿、三齿、四齿的平头铣刀,如图 3-2-3 所示,在直径相同的情况下,齿越多排屑越差。

➤ 知识点二:铣削台阶的方法

1. 用三面刃铣刀铣削

三面刃铣刀有直齿和错齿两种。由于三面刃铣刀的直径和刀齿尺寸都比较大,容屑槽也比较大,所以刀齿的强度大,排屑、冷却较好,生产效率较高,因此在铣削台阶

(a)两齿立铣刀　(b)三齿立铣刀　(c)四齿立铣刀

图 3-2-3　立铣刀

宽度小于 25 mm 的台阶时,一般都采用三面刃铣刀加工。铣削时,三面刃铣刀的圆柱面刀刃起主要的切削作用,两个侧面刀刃起修光作用,如图 3-2-4 所示。

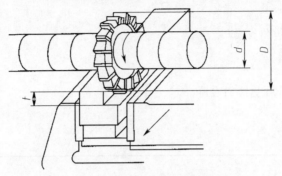

图 3-2-4　用三面刃铣刀铣削台阶

2. 用端面铣刀铣削台阶

宽度较宽且深度较浅的台阶,常用端面铣刀在立铣床上铣削,如图 3-2-5 所示。端面铣刀刀杆刚度大,铣削时切削厚度变化小,切削平稳,加工表面质量好,生产效率较高。铣削时,所选用端面铣刀的直径应大于台阶宽度,一般可按 $D = (1.4 \sim 1.6)B$ 选取。硬质合金端面铣刀通常作为台阶粗加工,侧面由立铣刀精加工。

想一想

为什么端面铣刀铣削台阶通常只作为台阶加工中的粗加工?

3. 用立铣刀铣削台阶

铣削较深台阶或多级台阶时,可用立铣刀铣削,如图 3-2-6 所示。立铣刀圆周刃主要起切削作用,端刃起修光作用。由于立铣刀的外径通常都小于三面刃铣刀,因此,铣削刚度和强度较差,铣削用量不能过大,否则铣刀容易加大"让刀"导致的变形,甚至折断。

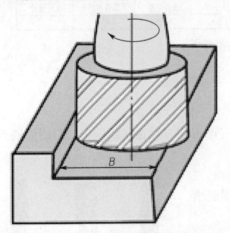

图 3-2-5　用端面刀铣削台阶

图 3-2-6　用立铣刀铣削台阶

> **知识点三:铣削台阶时易出现的问题**

①铣削台阶时若垫铁不平,或装夹工件时平口钳及垫铁结合面没有擦拭干净,均会导致台阶面上、下平面不平行,台阶高度尺寸不一致,如图 3-2-7(a)所示。

②若工件的定位基准(固定钳口)与铣床的进给方向不平行,则铣出的台阶两端便会造成宽窄不一致如图3-2-7(b)所示。

③铣削台阶时,当铣床的"零位"不准时,用端面刃(或侧面刃)铣刀铣削的平面就会变成一个凹面,如图3-2-7(c)所示。同时,端面刃加工的表面的粗糙度一般要比周刃铣削的平面差。

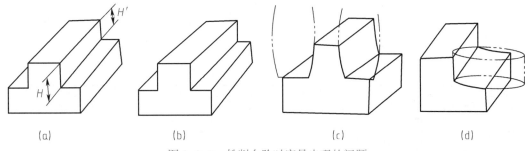

(a)   (b)   (c)   (d)

图3-2-7 铣削台阶时容易出现的问题

➤ 知识点四:台阶的检测方法

台阶宽度和深度一般可用游标卡尺、深度游标卡尺和深度千分尺进行检测,如图3-2-8所示。凸台宽度可用游标卡尺或外径千分尺检测,如图3-2-9所示。

图3-2-8 检测台阶宽度

图3-2-9 检测凸台宽度

➤ 知识点五:影响台阶铣削精度的因素

1. 影响尺寸精度的因素

①工作台移动时手动进给不准确。

②测量不准确。

③铣刀出现让刀现象。

④铣刀摆动太大。

⑤铣床主轴零位不准。

2. 影响形状精度的因素

①平口钳固定钳口找正不准确,使铣削的台阶歪斜。

②立铣头零位不准,纵向铣削时会使台阶底面铣成凹面。

3. 影响表面粗糙度的因素

①铣刀变钝。

②铣刀跳动太大。

③进给量过大。

④铣削钢件没用切削液或选用不当。

⑤铣削振动太大。

⑥不用的进给方向未锁紧。

 **任务实施**

1. 拟定加工计划(见表3-2-1)

表3-2-1　加工计划表

步骤	加　工　内　容
1	去毛刺
2	测量毛坯尺寸,计算加工余量
3	铣削六面体保证尺寸 58 mm×36 mm×25 mm、平行度和垂直度
4	划线
5	铣削 18 mm×18 mm 的沟槽至尺寸,保证对称度
6	去毛刺,检测工件

2. 铣削台阶

(1)工件的装夹和找正

一般工件可用平口钳装夹;尺寸较大的工件可用压板装夹;形状复杂的工件或大批量生产时可用专用夹具装夹。采用平口钳装夹工件时,应找正固定钳口及铣床主轴的零位,如图3-2-10所示。装夹工件时,应使工件台阶底面高出钳口的上平面,以免将钳口铣坏,如图3-2-11所示。

图3-2-10　固定钳口面及铣床主轴零位的找正

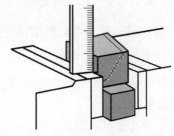

图3-2-11　用钢直尺检查工件装夹高度

操作提示:

铣削之前,必须严格找正铣床主轴及夹具的"零位"。

想一想

为什么装夹工件前,要找正机床主轴及平口钳固定钳口的零位?

(2)根据确定的铣削方案,选择铣刀

在用立铣刀铣削台阶时,为保护铣刀,一般采用分层次粗铣,最后将台阶的宽度和深度一次精铣到位。在条件允许的情况下,应选用直径较大的立铣刀,以提高铣削效率。本任务中选

择 $\phi16$ 的高速钢立铣刀。

（3）选择切削用量，对刀、调整，进行铣削

粗铣时采用切削速度 $v_c = 40$ mm/min，进给速度 $v_f = 60$ mm/min；

精铣时采用切削速度 $v_c = 50$ mm/min，进给速度 $v_f = 37.5$ mm/min。

立铣刀铣削台阶时对刀调整的步骤如图 3-2-12 所示。先对侧面，缓慢移动工作台，当刀具刚擦到工件后，抬高铣刀或降低工件。再对上表面，按台阶宽度移动相应的位置，使刀具移动到工件上表面，锁紧工作台横向。在上表面对刀，缓慢下降铣刀或上升工作台，使刀具刚擦到工件上表面，纵向退出工件，并上升一个铣削深度。

(a) 侧面对刀　　　　　　(b) 上表面对刀

图 3-2-12　立铣刀铣削台阶时对刀调整的步骤

操作提示：

①为避免产生窜动现象，铣削工作台时应锁紧不使用的进给机构。

②用立铣刀铣削时，注意选择合理的切削用量及冷却液。

③铣削对称双台阶的第一个台阶时，要考虑对称度要求。

④在用顺铣的方式进行加工时，加工余量不应超过 1 mm。

⑤为防止对刀时擦伤工件的已加工表面，可以在对刀处贴一张薄纸，移动时加上纸的厚度即可。

想一想

①怎样保证凸台两侧的高度一致？

②铣台阶对刀的方式有哪些种类？

 任务评价

台阶的铣削任务评价表见表 3-2-2。

表 3-2-2　台阶的铣削任务评价表

评价一：目测检查、功能检查　　评分采用 10-9-7-5-3-0 分制						
序号	零件号	评价内容	自评	组评	师评	得分
1		按图正确加工				
2		零件外观完好				
3		毛刺去除符合要求				
4		表面粗糙度符合要求				

序号	零件号	评价内容	自评	组评	师评	得分
5		基准面平行度 0.05 mm				
6		基准面垂直度 0.05 mm				

评价一成绩

评价二:尺寸检测　　评分采用 10-0 分制

序号	零件号	图纸尺寸/mm	公差/mm	实际尺寸			得分
				自评	组评	师评	
1		58	±0.1				
2		36	±0.1				
3		25	±0.1				
4		宽 18	−0.1				
5		深 18	−0.1				
6		对称度	0.1				

评价二成绩

评价三:安全文明生产　　评分采用 10-9-7-5-3-0 分制

序号	零件号	评价内容	自评	组评	师评	得分
1		未违反安全文明操作规范,未损坏机床、夹具和刀具				
2		工量具摆放整齐有序,工作台整理达到要求,机床及周围干净清洁				

评价三成绩

评分组	成绩	因子	中间值	系数	结果	总分
目测检查		0.6		0.2		
尺寸检测		0.6		0.4		
安全文明生产		0.2		0.4		

分析总结

铣削台阶存在的问题	原因分析	解决办法

项目四 铣削特形沟槽

任务一 V形槽的铣削

学习目标

1. 掌握V形槽的加工方法。
2. 掌握V形槽的铣削步骤。
3. 掌握V形槽的检测方法。

任务描述

在铣削加工中,特型沟槽铣削是一个常见的加工内容,是铣工必备技能。铣床的导轨、及V形铁都有特型沟槽。在本任务中将学习在立铣床上铣削特型沟槽的方法,任务完成效果图如图4-1-1所示。

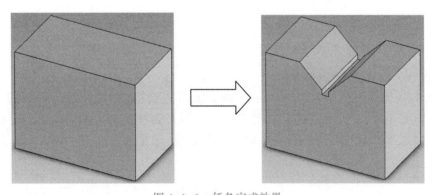

图4-1-1 任务完成效果

任务分析

本任务中,要在一个六面体上铣削一个V形槽,如图4-1-2所示。这需要掌握V形槽的铣削方法,同时要掌握好尺寸控制的方法。V形槽铣削工艺步骤如下:

①铣削六面体。

②选择立铣刀。

③工件安装和找正。

④偏移立铣头

⑤对刀。

⑥选择合适的铣削用量铣削 V 形槽。

⑦倒角去毛刺。

⑧检测。

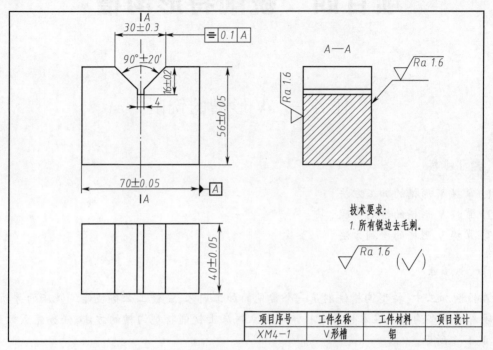

图 4-1-2 零件图

项目序号	工件名称	工件材料	项目设计
XM4-1	V形槽	铝	

相关知识

➤ 知识点一:角度铣刀的介绍

在前面的沟槽加工当中已经学习了直柄立铣刀的结构,下面介绍一种新的刀具——角度铣刀,如图 4-1-3 所示。这种成型铣刀通常都是为特定的工件或加工内容特意制造的,适应于加工平面类零件的特定外形(如角度面、凹槽面等),也实用于加工特形孔或台。

图 4-1-3 角度铣刀

➤ 知识点二:V 形槽常用的加工方法

1. 成型角度铣刀铣削 V 形槽

在铣削 V 形槽时,使用角度铣刀可以快速完成 V 形槽的铣削,如图 4-1-4 所示,但在尺寸精度的控制上要稍微差些。

图 4-1-4 角度铣刀铣削 V 形槽

2. 立铣刀或者端面铣刀铣削 V 形槽

用立铣刀或端面铣刀铣削 V 形槽是一种常见的加工方法,需要将立铣头转过特定的角度,如图 4-1-5 所示,完成 V 形槽的铣削。

 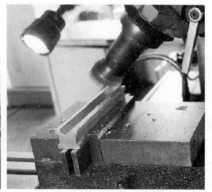

(a)立铣刀铣削V形槽　　　　　(b)端面铣刀铣削V形槽

图 4-1-5 立铣刀或端面铣刀铣削 V 形槽

想一想

铣削 V 形槽的加工方法有几种?

➤ 知识点三:V 形槽的加工步骤

1. 铣工艺窄槽

根据图纸要求选择合适的立铣刀或者锯片铣刀铣削中间的工艺窄槽至尺寸,如图 4-1-6 和图 4-1-7 所示。

图 4-1-6 锯片铣刀铣直槽

图 4-1-7 立铣刀铣直槽

2. 铣削 V 形槽面

铣削 V 形槽面前必须严格校正夹具的定位基准,如图 4-1-8 所示,才能装夹工件开始 V 形槽槽面的铣削,然后根据图纸要求铣削至尺寸。

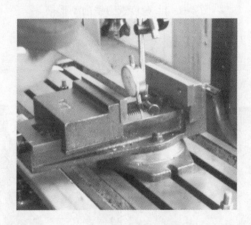

图 4-1-8 虎钳的调校

> ➤ 知识点四:V 形槽的检测方法

1. V 形槽宽度的检测

精度较高的 V 形槽槽宽尺寸 B,通常采用标准量棒间接测量的方法检测,如图 4-1-9 所示。检测时,先测得尺寸 h,再根据计算公式确定 V 形槽宽度 B:

$$B = 2\tan\frac{\alpha}{2}\left[\frac{R}{\sin\frac{\alpha}{2}} + R - h\right]$$

式中 R ——标准量棒半径,mm;

   α ——V 形槽槽角,(°);

   h ——标准量棒上素线至 V 形槽上平面的距离,mm。

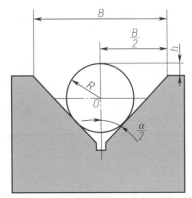

图 4-1-9 V形槽宽度尺寸的间接测量

2. V形槽对称度的检测

检测 V 形槽的对称度常用的方法就是利用百分表加圆棒,如图 4-1-10 所示,检测时要确保圆棒紧贴 V 形槽。

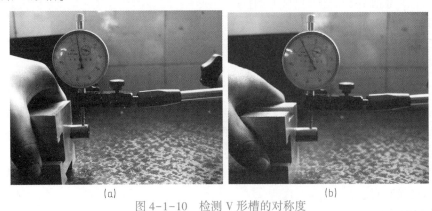

(a)　　　　　　　　　　　　　　　　(b)

图 4-1-10 检测 V 形槽的对称度

3. V形槽槽角的检测

用万能角度尺测量 V 形槽的角度,如图 4-1-11 所示。可以事先把万能角度尺的角度调整到 45°整,在加工过程中去检测角度,以便调整立铣头的角度。

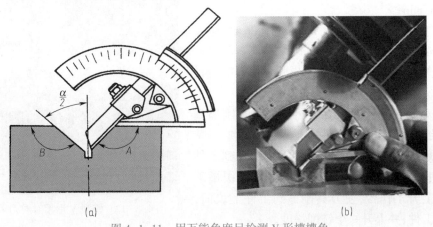

(a)　　　　　　　　　　　　　　　　(b)

图 4-1-11 用万能角度尺检测 V 形槽槽角

想一想

V 形槽检测包括哪些内容？

任务实施

1. 拟定加工计划(见表 4-1-1)

表 4-1-1　加工计划表

序号	工 作 步 骤	备注
1	去毛刺	
2	测量工件余量	
3	铣削六面体保证尺寸 70 mm×56 mm×40 mm 和平行度、垂直度	
4	划线	
5	铣削宽度为 4 m 的直槽	
6	铣削 V 形槽至尺寸,保证对称度	
7	去毛刺,检测工件	

2. 铣削 V 形槽

(1)根据确定的铣削方案,选择铣刀

在用立铣刀铣削时,为保护铣刀,一般采用分层粗铣,最后精铣到位。在条件允许的情况下,在精铣时加切削液,以提高 V 形槽的表面粗糙度。

(2)工件的装夹和找正

一般工件可用平口钳装夹;尺寸较大的工件可用压板装夹;形状复杂的工件或大批量生产时可用专用夹具装夹。

(3)偏移立铣头

松开立铣头紧固螺钉,将立铣头偏移 45°,锁紧立铣头。

(4)选择切削用量,对刀、调整,进行铣削

粗铣时采用 v_c = 40 mm/min,进给速度 v_f = 60 mm/min;

精铣时采用 v_c = 50 mm/min,进给速度 v_f = 37. 5 mm/min。

铣削 V 形槽时对刀调整的步骤如图 4-1-12 所示。

①先对侧面,缓慢移动工作台,当刀具刚擦到工件后,抬高铣刀或降低工件。

②按划线位置移动工作台,使刀具移动到工件上表面,锁紧工作台横向。在上表面对刀,缓慢下降铣刀或上升工作台,使刀具刚擦到工件上表面,纵向退出工件,并上升一个铣削深度。

图 4-1-12　铣削 V 形槽时对刀调整图

③铣削V形槽右侧斜面至尺寸,然后铣削V形槽左侧斜面至尺寸。

④铣削窄直槽。

操作提示:

①为避免产生窜动现象,铣削工作台时应紧固不使用的进给机构。

②用立铣刀铣削时,注意选择合理的切削用量及冷却液。

③铣削V形槽时,要考虑对称度要求。

④用顺铣的方式进行精加工时,加工余量不可超过0.5~1 mm。

 任务评价

V形槽的铣削任务评价表见表4-1-2。

表4-1-2　V形槽的铣削任务评价表

评价一:目测检查、功能检查　评分采用10-9-7-5-3-0分制						
序号	零件号	评价内容	自评	组评	师评	得分
1		按图正确加工				
2		零件外观完好				
3		毛刺去除符合要求				
4		表面粗糙度符合要求				
5		与基准面的垂直度 0.05 mm				
评价一成绩						

评价二:尺寸检测　评分采用10-0分制							
序号	零件号	图纸尺寸/mm	公差/mm	实际尺寸			得分
				自评	组评	师评	
1		70	±0.05				
2		56	±0.05				
3		40	±0.05				
4		90°	±20′				
5		30	±0.3				
6		16	±0.2				
7		对称度	0.1				
评价二成绩							

评价三:安全文明生产　评分采用10-9-7-5-3-0分制						
序号	零件号	评价内容	自评	组评	师评	得分
1		未违反安全文明操作规范,未损坏机床、夹具和刀具				

评价三:安全文明生产　评分采用 10-9-7-5-3-0 分制						
序号	零件号	评价内容	自评	组评	师评	得分
2		工量具摆放整齐有序,工作台整理达到要求,机床及周围干净清洁				

评价三成绩

评分组	成绩	因子	中间值	系数	结果	总分
目测检查		0.5		0.2		
尺寸检测		0.7		0.4		
安全文明生产		0.2		0.4		

分析总结

铣削 V 形槽存在的问题	原因分析	解决办法

操作提示:

①检测前量具要校零。

②检测时要掌握正确的测量方法。

任务二　T形槽的铣削

能力目标

1. 掌握 T 形槽的铣削方法和铣削步骤。

2. 学会合理选用 T 形槽刀的切削参数。

3. 掌握 T 形槽的检测内容和检测方法。

任务描述

在铣削加工中,特型沟槽铣削是一个常见的加工内容,是铣工必备技能。铣床的导轨及 V 形铁都有特型沟槽。在本任务中将学习在立铣床上铣削特型沟槽的方法,任务完成效果如图 4-2-1 所示。

任务分析

在本任务中,要在上个任务的基础上铣削一个 T 形槽,如图 4-2-2 所示。这需要掌握 T 形槽的铣削方法,同时把握好尺寸控制的方法。T 形槽铣削工艺步骤如下:

①选择合适的铣刀(立铣刀和 T 形槽刀)。

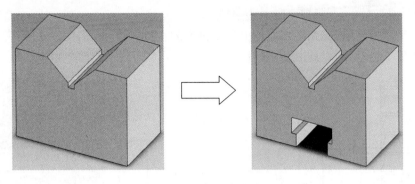

图 4-2-1　任务完成效果

②工件安装和找正。

③对刀。

④铣削直槽。

⑤铣削 T 形槽。

⑥倒角去毛刺。

⑦检测。

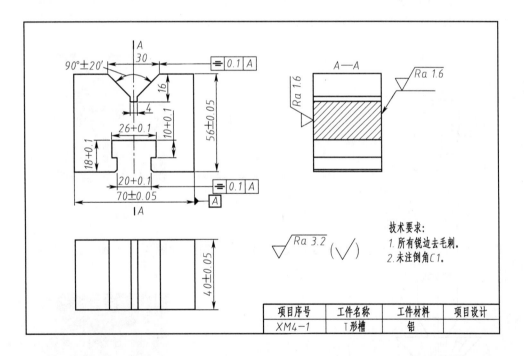

图 4-2-2　零件图

相关知识

> 知识点一：T 形槽的常用的加工方法

1. 先用立铣刀或三面刃铣刀铣直角沟槽

在加工 T 形槽之前,首先需要加工出 T 形槽上的直角沟槽,如图 4-2-3 所示,如果用 T 形槽刀直接加工 T 形槽,则刀具由于切削量过大和排屑不畅可能会出现折断。

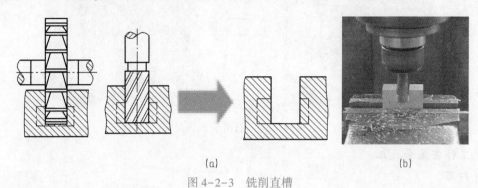

(a)　　　　　　　　　　　　　(b)

图 4-2-3　铣削直槽

想一想

铣削 T 形槽之前为什么要先铣削直槽?

2. 用 T 形槽铣刀铣 T 形槽

在加工完直角沟槽之后,选用型号合适的 T 形槽铣刀完成 T 形槽的铣削,如图 4-2-4 所示,注意在粗加工时采用逆铣的加工方式,在精加工时采用顺铣的加工方式。

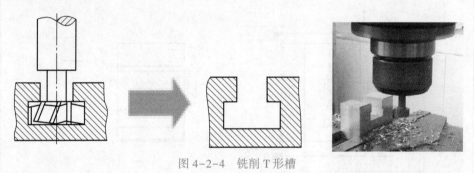

图 4-2-4　铣削 T 形槽

3. 用倒角铣刀铣槽口倒角

T 形槽铣削完成后,利用倒角铣刀完成槽口倒角的铣削,如图 4-2-5 所示。

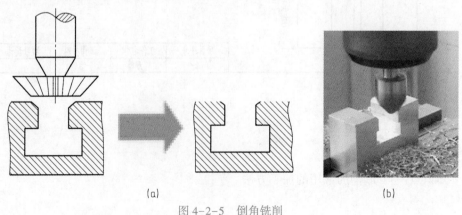

(a)　　　　　　　　　　　　　(b)

图 4-2-5　倒角铣削

➢　知识点二:T形槽铣刀的结构和尺寸

T形槽铣刀的组成结构如图4-2-6所示,尺寸的选用标准见表4-2-1。

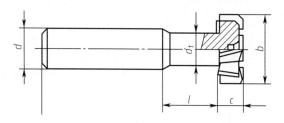

图4-2-6　直柄T形槽铣刀的结构

表4-2-1　T形槽铣刀尺寸的选用标准

b(h12)	C(h12)	d_1(max)	l	d
11	4.5	4	0	10
12.5	6	5	11	10
16	8	7	14	
18	8	8	17	12
21	9	10	20	12
25	11	12	23	16
32	14	15	28	16
40	18	19	34	25
50	22	25	32	32
60	28	30	51	32

➢　知识点三:T形槽的检测

T形槽的宽度可以用游标卡尺测量,T形槽的深度可以用深度游标卡尺或深度千分尺测量,底槽和直槽的对称度可以用游标卡尺或外径千分尺测量。

任务实施

1. 拟定加工计划(见表4-2-2)

表4-2-2　加工计划表

序号	工　作　步　骤	备注
1	去毛刺	
2	测量工件余量	
3	铣削六面体保证尺寸 70 mm×56 mm×40 mm 平行度和垂直度	
4	划线	
5	铣削宽度为 4 mm 的直槽	

序号	工 作 步 骤	备注
6	铣削 V 形槽至尺寸,保证对称度	
7	去毛刺,检测工件	
8	铣削 20×18 的直槽	
9	铣削 26×10 的 T 形槽至尺寸,保证对称度	
10	去毛刺,检测工件	

2. 铣削 T 形槽

(1)根据确定的铣削方案,选择铣刀 在用立铣刀铣削时,为保护铣刀,一般采用分层次粗铣,最后精铣到位。在条件允许的情况下,在精铣时加切削液,以提高 T 形槽的表面粗糙度。

(2)工件的装夹和找正

本工件采用平口钳装夹,装夹时要注意 T 形槽底面要高于平口钳钳口铁上表面。由于本工件 T 形槽长度较短,所以采用进给方向垂直与工作台纵向;如果工件的 T 形槽长度较长,则采用进给方向平行于工作台纵向。

(3)选择切削用量,对刀、调整,进行铣削

粗铣时采用 $v_c = 40$ mm/min,进给速度 $v_f = 60$ mm/min;

精铣时采用 $v_c = 50$ mm/min,进给速度 $v_f = 37.5$ mm/min。

铣削 T 形槽的步骤如下:

①铣削 T 形槽的直通槽,如图 4-2-7 所示。

图 4-2-7 铣直槽

②换 T 形槽刀、对刀,如图 4-2-8 所示。

(a)侧面对刀　　　　　　(b)深度对刀　　　　　　(c)下降铣刀或上升工作台

图 4-2-8 对刀

③锁紧工作台纵向,铣削 T 形槽至尺寸,如图 4-2-9 所示。

④铣削倒角,如图 4-2-10 所示。

图 4-2-9　铣削 T 形槽

图 4-2-10　铣削倒角

操作提示：

①为避免产生窜动现象,铣削工作台时应锁紧不使用的进给机构。

②用立铣刀铣削时,注意选择合理的切削用量及冷却液。

③铣削 T 形槽时,要考虑对称度要求。

④在用顺铣的方式进行加工时,加工余量不可超过 0.5~1 mm。

⑤为防止对刀时擦伤工件已加工表面,可以在对刀处贴一张薄纸,移动时加上纸的厚度即可。

想一想

①如何检测 T 形槽的对称度?

②对刀的方式有哪些种类?

任务评价

T 形槽的铣削任务评价表见表 4-2-3。

表 4-2-3　T 形槽的铣削任务评价表

评价一:目测检查、功能检查　　评分采用 10-9-7-5-3-0 分制						
序号	零件号	评价内容	自评	组评	师评	得分
1		按图正确加工				
2		零件外观完好				
3		毛刺去除符合要求				
4		表面粗糙度符合要求				
5		与基准面的垂直度 0.05 mm				

评价一成绩

评价二:尺寸检测　　评分采用 10-0 分制						
序号	零件号	图纸尺寸/mm	公差/mm	实际尺寸		得分
				自评	组评	师评
1		26	±0.1			

续上表

评价二:尺寸检测		评分采用 10-0 分制		实际尺寸			得分
序号	零件号	图纸尺寸/mm	公差/mm	自评	组评	师评	
2		20	±0.1				
3		10	±0.1				
4		18	±0.1				
5		对称度	0.1				

评价二成绩							

评价三:安全文明生产 评分采用 10-9-7-5-3-0 分制							
序号	零件号	评价内容		自评	组评	师评	得分
1		未违反安全文明操作规范,未损坏机床、夹具和刀具					
2		工量具摆放整齐有序,工作台整理达到要求,机床及周围干净清洁					

评价三成绩						

评分组	成绩	因子	中间值	系数	结果	总分
目测检查		0.5		0.2		
尺寸检测		0.5		0.4		
安全文明生产		0.2		0.4		

分析总结

铣削 T 形槽存在的问题	原因分析	解决办法

操作提示:

①检测前量具要校零。

②检测时要掌握正确的测量方法。

任务三　燕尾槽的铣削

学习目标

1. 了解燕尾槽的用途。

2. 学会合理地选择燕尾槽的切削参数。

3. 掌握燕尾槽的加工方法和步骤。

4. 掌握燕尾槽的检测内容和方法。

任务描述

在铣削加工中,特型沟槽铣削是一个常见的加工内容,是铣工必备技能。铣床的导轨及 V 形铁都有特型沟槽。在本任务中将学习在立铣床上铣削特型沟槽中燕尾槽的加工方法,任务完成效果如图 4-3-1 所示。

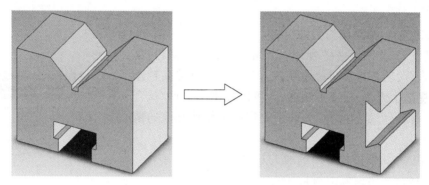

图 4-3-1 任务完成效果

任务分析

在本任务中,要在任务二的基础上铣削一个燕尾槽,如图 4-3-2 所示。这需要掌握燕尾槽的铣削方法,同时把握好尺寸控制的方法。燕尾槽铣削工艺步骤如下:

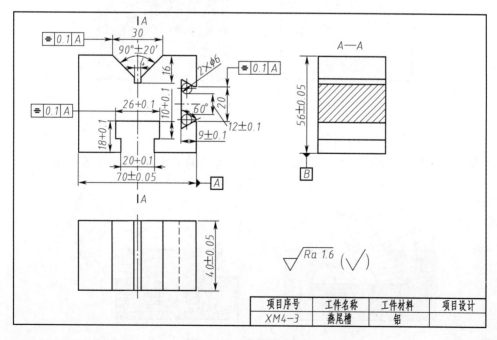

图 4-3-2 燕尾槽零件图

①选择合适的铣刀(立铣刀和燕尾槽刀)。

②工件安装和找正。

③对刀

④铣削直槽

⑤铣削燕尾槽。

⑥倒角去毛刺。

⑦检测。

相关知识

➢ 知识点一:燕尾槽铣刀的结构

燕尾槽铣刀,如图4-3-3所示。它常见的有两种材料:高
速钢、硬质合金,后者相对前者硬度高,切削力强,可提高转速
和进给率,提高生产率,让刀不明显,并可以加工不锈钢/钛合
金等难加工材料,但是成本更高,而且在切削力快速交变的情
况下容易断刀。

图4-3-3 燕尾槽铣刀

➢ 知识点二:燕尾槽常用的加工方法

1. 用燕尾槽铣刀铣燕尾槽和燕尾

燕尾槽的铣削方法有很多,用标准燕尾槽铣刀可以直接铣削燕尾槽,如图4-3-4所示。

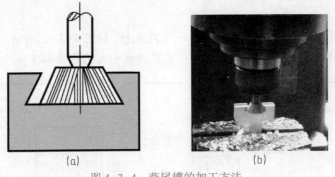

(a)　　　　　　　　　　(b)

图4-3-4 燕尾槽的加工方法

2. 用单角铣刀铣削燕尾槽或燕尾

用单角铣刀铣削燕尾槽需要把立铣头转动一个特定的角度,如图4-3-5所示。

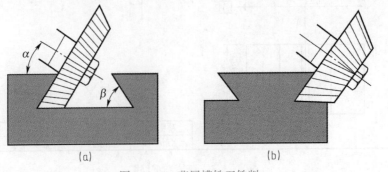

(a)　　　　　　　　　　(b)

图4-3-5 燕尾槽铣刀铣削

> 知识点三:燕尾槽的加工步骤

①铣削直通槽,如图 4-3-6 所示,选择直径为 16 mm 的立铣刀,铣削 20 mm×9 mm 的直通槽,保证尺寸和位置精度要求。

②粗铣燕尾槽,如图 4-3-7 所示。

a. 选择安装一直径为 21 mm、角度为 60°的燕尾槽铣刀。

b. 开动主轴,调整工作台使铣刀底齿与原直通槽底面相切。

c. 按划线调整纵向位置留 0.5 mm 左右余量,横向进给先铣出一侧燕尾。

图 4-3-6　铣削直通槽

图 4-3-7　铣削燕尾槽

想一想

铣削燕尾槽之前为什么要先铣削直槽?

> 知识点四:燕尾槽的检测项目和方法

①燕尾槽的槽角 α 可以用万能角度尺或样板进行检测,如图 4-3-8 所示。

②燕尾槽的深度可用深度游标卡尺或高度游标卡尺检测,如图 4-3-9 所示。

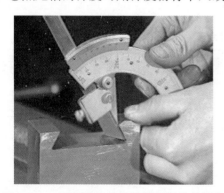

图 4-3-8　用万能角度尺检测燕尾槽的槽角

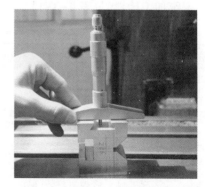

图 4-3-9　用深度游标卡尺检测燕尾槽的深度

③由于燕尾槽有空刀槽或有倒角,其宽度尺寸无法直接进行检测,通常采用标准量棒进行间接检测,如图 4-3-10 所示。

④检测燕尾槽宽度时,先测出两个标准量棒之间的距离,再通过公式计算出实际的燕尾槽宽度尺寸。

$$A = M + d\left(1 + \cot\frac{\alpha}{2}\right) - 2H\cot\alpha$$

 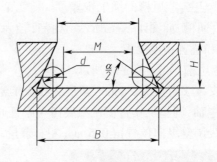

图 4-3-10　采用标准量棒测量燕尾槽宽度

$$B = M + d\left(1 + \cot\frac{\alpha}{2}\right)$$

式中　A ——燕尾槽最小宽度,mm;

　　　B ——燕尾槽最大宽度,mm;

　　　H ——燕尾槽的槽深度,mm;

　　　M ——两标准量棒的内侧距离,mm;

　　　d ——标准量棒直径,mm;

　　　α ——燕尾槽槽角或燕尾角度,(°)。

想一想

如何检测燕尾槽的对称度?

1. 拟定加工计划(见表 4-3-1)

表 4-3-1　加工计划表

序号	工　作　步　骤	备注
1	去毛刺	
2	测量工件余量	
3	铣削六面体保证尺寸 70 mm×56 mm×40 mm、平行度和垂直度	
4	划线	
5	铣削宽度为 4 mm 的直槽	
6	铣削 V 形槽至尺寸,保证对称度	
7	去毛刺,检测工件	
8	铣削 20 mm×18 mm 的直槽	
9	铣削 26 mm×10 mm 的 T 形槽至尺寸,保证对称度	
10	去毛刺,检测工件	
11	铣削 20 mm×9 mm 的直槽至尺寸	
12	铣削 60°的燕尾槽至尺寸	
13	去毛刺,检测工件	

2. 铣削燕尾槽

（1）根据确定的铣削方案，选择铣刀

在用立铣刀铣削时，为保护铣刀，一般采用分层次粗铣，最后精铣到位。在条件允许的情况下，在精铣的时候加切削液，以提高燕尾槽的表面粗糙度。

（2）工件的装夹和找正

一般工件可用平口钳装夹；尺寸较大的工件可用压板装夹；形状复杂的工件或大批量生产时可用专用夹具装夹。

（3）选择切削用量，对刀、调整，进行铣削

粗铣时采用 $v_c = 40$ m/min，进给速度 $v_f = 60$ mm/min；

精铣时采用 $v_c = 50$ m/min，进给速度 $v_f = 37.5$ mm/min。

铣削燕尾槽的步骤如下：

铣削燕尾槽之前应该首先加工直槽。

①铣削出燕尾槽的直通槽，如图 4-3-11 所示。

②换燕尾槽刀，对刀，如图 4-3-12 所示。

图 4-3-11　铣削直槽

（a）侧面对刀

（b）深度对刀

图 4-3-12　对刀

③锁紧工作台横向，铣削燕尾槽至尺寸，如图 4-3-13 所示。

操作提示：

①为避免产生窜动现象，铣削工作台时应锁紧不使用的进给机构。

②铣削燕尾槽时，注意选择合理的切削用量及冷却液。

③在用顺铣的方式进行精加工时，加工余量不可超过 0.5~1 mm。

图 4-3-13　铣削燕尾槽

想一想

对刀的方式有哪些种类?

任务评价

燕尾槽的铣削任务评价表见表4-3-2。

表4-3-2 燕尾槽的铣削任务评价表

评价一:目测检查、功能检查 评分采用10-9-7-5-3-0分制						
序号	零件号	评价内容	自评	组评	师评	得分
1		按图正确加工				
2		零件外观完好				
3		毛刺去除符合要求				
4		表面粗糙度符合要求				
5		与基准面的垂直度 0.05 mm				

评价一成绩

评价二:尺寸检测 评分采用10-0分制				实际尺寸			得分
序号	零件号	图纸尺寸/mm	公差/mm	自评	组评	师评	
1	燕尾槽	12	±0.1				
2		9	±0.1				
3		对称度	0.1				

评价二成绩

评价三:安全文明生产 评分采用10-9-7-5-3-0分制						
序号	零件号	评价内容	自评	组评	师评	得分
1		未违反安全文明操作规范,未损坏机床、夹具和刀具				
2		工量具摆放整齐有序,工作台整理达到要求,机床及周围干净清洁				

评价三成绩

评分组	成绩	因子	中间值	系数	结果	总分
目测检查		0.5		0.2		
尺寸检测		0.3		0.4		
安全文明生产		0.2		0.4		

分析总结

铣削燕尾槽存在的问题	原因分析	解决办法

项目五　铣削减速器轴键槽

任务一　平键槽的铣削

学习目标

1. 掌握轴类零件的装夹方法。
2. 掌握平键槽的铣削工艺方法和加工步骤。
3. 掌握键槽的检测方法。

任务描述

在铣削加工中,轴上键槽铣削是一个常见的加工内容,是铣工必备技能。现在有一个车床已加工好的减速器轴,需要在轴上铣削键槽,任务完成效果如图 5-1-1 所示。

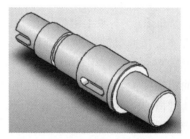

图 5-1-1　任务完成效果

任务分析

分析零件图 5-1-2 可以知道,该零件有两个平键槽需要铣削,一个是位于轴端的半通键槽,一个是位于 φ30 轴段的封闭键槽。两个键槽应该一次装夹铣削完成,这需要掌握轴类零件的装夹方法,并会利用合适的刀具铣削不同的键槽,同时要把握好键槽尺寸的控制方法。键槽铣削的工艺步骤如下:

①选择铣刀。
②工件安装和找正。
③对刀。
④选择合适的铣削用量铣削键槽。
⑤倒角去毛刺。

⑥检测。

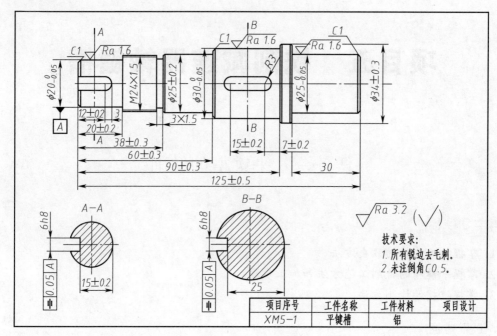

图 5-1-2 零件图

 相关知识

> 知识点一：轴上键槽工艺知识

键连接是通过键将轴与轴上的零件(如齿轮、带轮、凸轮等)连接在一起,以实现圆周定位并传递转矩。键连接中使用最普遍的是平键。在轴上安装平键的键槽是直角沟槽,其两侧面的表面粗糙度值较小,都有极高的宽度尺寸精度要求和对称度要求,通常在铣床上加工。平键槽有通键槽、半通键槽和封闭键槽,如图 5-1-3 所示。通键槽大都用立铣刀铣削,封闭键槽多采用键槽铣刀铣削。

(a)通键槽   (b)半通键槽   (c)封闭键槽

图 5-1-3 轴上键槽的种类

> 知识点二：轴类工件的装夹方法

1. 用平口钳装夹

在平口钳上装夹工件铣键槽,如图 5-1-4 所示,需要校正钳体的定位基准,以保证工件的轴线与工作台进给方向平行,同时与工作台面平行。

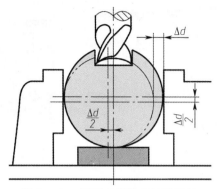

图 5-1-4　用平口钳装夹轴类零件

2. 用 V 形架装夹

把圆柱形工件置于 V 形架(又称 V 形铁)内,并用压板进行紧固的装夹方法,是铣削平键槽常用的、比较精确的定位方法之一,如图 5-1-5 所示。

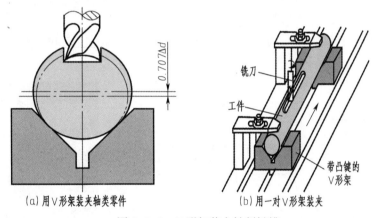

(a)用 V 形架装夹轴类零件　　　　(b)用一对 V 形架装夹

图 5-1-5　V 形架装夹铣削键槽

3. 在工作台上直接装夹

在工作台上直接装夹铣长轴上的通槽或半通槽,其深度可一次铣成。铣削时,由工件端部先铣入一段长度后停车,将压板压在铣成的槽部上,槽口与压板之间垫铜皮后夹紧。观察铣刀碰不着压板,再开车继续铣削,如图 5-1-6 所示。此种方法适合键槽长度较长的零件。

4. 用万能分度头装夹

万能分度头装夹工件铣削键槽时,批量生产的键槽对称度不受直径误差的影响,也是铣削键槽常用的、比较精确的定位方法,如图 5-1-7 所示。

➤　知识点三:铣键槽时铣刀对中心的方法

1. 按切痕调整对中

①键槽铣刀的切痕对刀法。先让旋转的铣刀接近工件的上表面,通过横向进给,铣刀在工件表面铣出一个方形的切痕。横向移动工作台,将铣刀宽度目测调整到方形的中心位置,即完成铣刀对中,如图 5-1-8(a)所示。

②盘形铣刀切痕对刀法。原理和键槽铣刀切痕对刀方法相似,在工件表面铣出一个略大于铣刀宽度的椭圆形切痕,使铣刀宽度方向落在椭圆中间的位置,如图 5-1-8(b)所示。

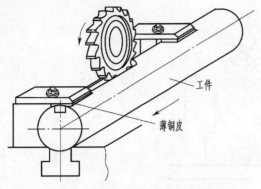

图 5-1-6 在工作台上直接装夹轴类工件   图 5-1-7 万能分度头装夹铣削键槽

2. 擦侧面调整对中心(见图 5-1-9)

①先在直径为 D 的轴上贴一张薄纸。

②将宽度为 L 的盘形铣刀(或直径为 d 的键槽铣刀)逐渐靠向工件。

③当回转的铣刀刀刃擦到薄纸后,垂直降下工作台。

④将工作台横向移动一个距离 A(轴的半径+铣刀半径或铣刀厚度的一半)。

⑤实现对中心。

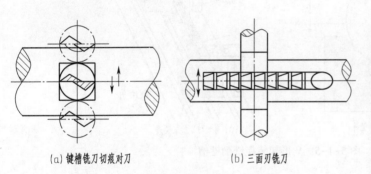

(a) 键槽铣刀切痕对刀   (b) 三面刃铣刀

图 5-1-8 按切痕对中心

图 5-1-9 侧面擦刀法对中心

3. 测量法对中心(见图 5-1-10)

①在铣床主轴上先夹一根与铣刀直径相近的量棒。

②用游标卡尺测量棒与两侧钳口间的距离进行调整。

③当两侧距离相等时,铣床主轴即位于工件的中心。

④卸下量棒,换上键槽铣刀即可进行铣削。

4. 用杠杆百分表调整对中心

将杠杆百分表固定在铣床主轴上,用手转动主轴,参照百分表的读数,精确地移动工作台,实现准确对中心,如图 5-1-11 所示。

图 5-1-10 测量法对中心

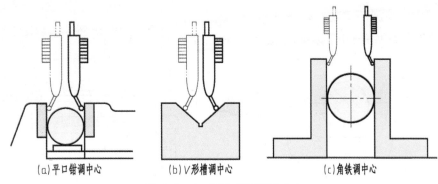

(a)平口钳调中心　　(b)V形槽调中心　　(c)角铁调中心

图 5-1-11　百分表调整对中心

➤　知识点四:平键槽的铣削方法

1. 用盘形槽铣刀铣削键槽

平键槽为通槽或一端为圆弧形的半通槽时,一般用盘形铣刀铣削,如图 5-1-12 所示。当平键槽为封闭槽或一端为直角的半通槽时,采用键槽铣刀铣削。使用盘形槽铣刀铣平键槽时,应按照键槽的宽度尺寸选择盘形铣刀的宽度。

2. 用键槽铣刀铣削封闭键槽

图 5-1-12　用盘形铣刀铣键槽

键槽铣刀铣削键槽有分层铣削法和扩刀铣削法两种。分层铣削法是指每次切深为 0.5~1 mm,两端留0.5 mm左右余量,待达到槽的深度尺寸后再铣去两端的余量。适合于槽宽较小(小于 5 mm)、长度较短、生产批量不大的键槽铣削。

扩刀铣削法是指先用尺寸略小的铣刀分层粗铣至槽深,槽底和两端各留约小于 0.5 mm 的余量,再用符合的键槽刀精铣至尺寸。

想一想

①能否用符合键槽尺寸的键槽铣刀一次将键槽铣到尺寸规定的深度?

②为什么要采用分层铣削或扩刀铣削的方法铣削键槽?

➤　知识点五:键槽的检测方法

1. 键槽宽度检测

用塞规检测键槽的宽度,如图 5-1-13 所示。

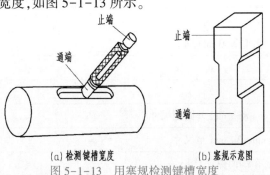

(a)检测键槽宽度　　(b)塞规示意图

图 5-1-13　用塞规检测键槽宽度

2. 键槽深度检测

用千分尺或者游标卡尺间接测量键槽的深度,如图 5-1-14 所示。

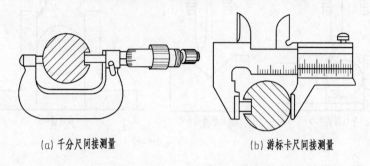

(a) 千分尺间接测量　　　　　　　　(b) 游标卡尺间接测量

图 5-1-14　键槽深度的测量

3. 键槽对称度的检测

检测时,先将一块厚度与轴槽尺寸相同的平行塞块塞入键槽内,用百分表校正塞块的 A 平面与平板或工作台面平行并记下百分表读数。将工件转过 180°,再用百分表校正塞块的 B 平面与平板或工作台面平行并记下百分表读数。两次读数的差值,即为轴槽的对称度误差,如图 5-1-15 所示。

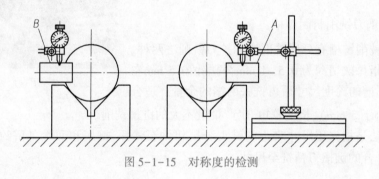

图 5-1-15　对称度的检测

任务实施

1. 拟定加工计划(见表 5-1-1)

表 5-1-1　加工计划表

序号	工作步骤	备注
1	测量工件余量	
2	装夹工件伸出长 50 mm,车端面	
3	倒角	
4	钻中心孔	
5	车削 φ34 mm×38 mm 外圆至尺寸	
6	车削 φ25 mm×30 mm 至尺寸	
7	掉头装夹,车端面保证总长	

序号	工作步骤	备注
8	钻中心孔	
9	一夹一顶	
10	粗车 $\phi30$ mm，$\phi25$ mm，$\phi24$ mm，$\phi20$ mm 外圆，留精车余量	
11	精车 $\phi30$ mm，$\phi25$ mm，$\phi24$ mm，$\phi20$ mm 外圆至尺寸	
12	车螺纹退刀槽至尺寸	
13	车削 M24×1.5 的螺纹	
14	倒角	
15	用分度头一夹一顶装夹工件	
16	铣削键槽两处至尺寸	
17	去毛刺，检测工件	

2. 铣削键槽

（1）工件的装夹和找正

本任务采用万能分度头装夹工件，铣削加工前应找正分度头主轴及铣床主轴的零位，找正时可以借助标准的轴类或套类零件，如图 5-1-16 所示。

（2）根据确定的铣削方案，选择铣刀

本任务选择键槽铣刀铣削平键槽，先分层次粗铣，最后精铣到位，如图 5-1-17 所示。在条件允许的情况下，在精铣时加切削液，以降低键槽的表面粗糙度。

图 5-1-16　找正分度头主轴

图 5-1-17　选择键槽铣刀

（3）选择切削用量，对刀、调整，进行铣削

粗铣时采用 $v_c=40$ m/min，进给速度 $v_f=60$ mm/min；

精铣时采用 $v_c=50$ m/min，进给速度 $v_f=37.5$ mm/min。

（4）铣削键槽时对刀调整的步骤

①对中心。先对侧面，缓慢移动工作台，当刀具刚擦到工件后，抬高铣刀或降低工件，横向移动工作台，如图 5-1-18 所示。

②对键槽长度定位尺寸。按图纸要求移动相应的位置，使刀具移动到工件上表面轴线位置，锁紧工作台横向。纵向移动工作台，在端面对刀，如图 5-1-19 所示。下降工作台或上升

铣刀,纵向移动工件,让铣刀位于图纸要求的位置。

图 5-1-18　对中心

图 5-1-19　键槽长度定位

③对键槽深度尺寸。在工件上表面对刀,擦到工件后,分层铣削键槽。如图 5-1-20 所示。

操作提示:

①为避免产生窜动现象,铣削工作台时应锁紧不使用的进给方向。

②铣削之前,必须严格检测校正铣床主轴及夹具的"零位"。

③用键槽铣刀铣削时,注意选择合理的切削用量及冷却液。

(5)键槽尺寸检测

铣削键槽要注意控制尺寸,包括宽度、深度、长度及位置精度,如图 5-1-21 所示。

图 5-1-20　键槽深度对刀

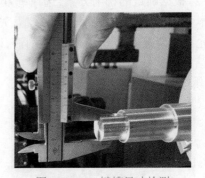
图 5-1-21　键槽尺寸检测

任务评价

平键槽的铣削任务评价表见表 5-1-2。

表 5-1-2　平键槽的铣削任务评价表

评价一:目测检查、功能检查　　评分采用 10-9-7-5-3-0 分制						
序号	零件号	评价内容	自评	组评	师评	得分
1		按图正确加工				
2		零件外观完好				
3		毛刺去除符合要求				

续上表

序号	零件号	评价内容	自评	组评	师评	得分
4		表面粗糙度符合要求				
5		与基准面的垂直度 0.05 mm				
评价一成绩						

评价二:尺寸检测　　　　评分采用 10-0 分制

序号	零件号	图纸尺寸/mm	公差/mm	实际尺寸			得分
				自评	组评	师评	
1		$\phi20$	-0.05				
2		$\phi25$	±0.2				
3		$\phi30$	-0.05				
4		$\phi25$	-0.05				
5		$\phi34$	±0.3				
6		20	±0.2				
7		38	±0.3				
8		60	±0.3				
9		90	±0.3				
10		30	±0.2				
11		125	±0.5				
12		M24	GGLR/GGRL				
13	键槽 A	6h8					
14		15	±0.2				
15		12	±0.2				
16		对称度	0.05				
17	键槽 B	6h8					
18		25	±0.2				
19		15	±0.2				
20		7	±0.2				
21		对称度	0.05				
评价二成绩							

评价三:安全文明生产　评分采用 10-9-7-5-3-0 分制						
序号	零件号	评价内容	自评	组评	师评	得分
1		未违反安全文明操作规范,未损坏机床、夹具和刀具				
2		工量具摆放整齐有序,工作台整理达到要求,机床及周围干净清洁				

评价三成绩

评分组	成绩	因子	中间值	系数	结果	总分
目测检查		0.5		0.2		
尺寸检测		2.1		0.4		
安全文明生产		0.2		0.4		

分析总结

轴上平键槽铣削存在的问题	原因分析	解决办法

任务二　半圆键槽的铣削

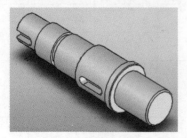

学习目标

1. 掌握半圆键槽铣削的刀具选择方法。
2. 掌握铣削半圆键槽的工艺方法和加工步骤。
3. 掌握半圆键槽的检测方法。

任务描述

经常能遇到利用半圆键连接的传动轴。铣削加工中,如何加工图 5-2-1 所示的半圆键槽,本任务就来学习在减速器轴上铣削一个半圆键槽。

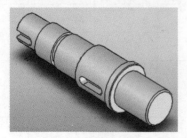

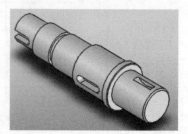

图 5-2-1　任务完成效果

任务分析

本任务中,在减速器轴上铣削半圆键槽,如图5-2-2所示。这需要掌握零件的装夹方法,会利用合适的刀具,同时要把握好尺寸控制的方法。键槽铣削工艺步骤如下:

①车削轴。

②选择铣刀。

③工件安装和找正。

④对刀。

⑤选择合适的铣削用量铣削键槽。

⑥倒角去毛刺。

⑦检测。

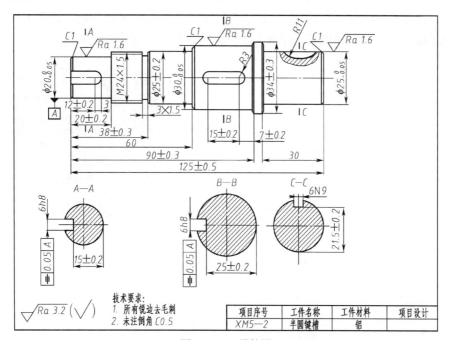

图5-2-2　零件图

相关知识

➢ 知识点一:半圆键槽铣刀的种类

半圆键槽铣刀用于加工 GB1098—2003 规定的半圆键槽,工作部分用 W6Mo5Cr4V2 或同等性能的其他牌号高速钢(代号 HSS)制造,如图5-2-3所示。刀齿有直齿和交错齿两种,其中交错齿的端刃开有后角,使用时用钻夹头或弹簧夹头装夹。铣刀按半圆键槽铣刀的基本尺寸(宽度×直径)选取。

➢ 知识点二:半圆键槽的对刀方法

半圆键槽可以通过擦刀对刀的方法,也可以用游

图5-2-3　半圆键槽铣刀

标高度尺在工件上划出半圆键槽的位置线,再按划线试切对刀,如图5-2-4所示。

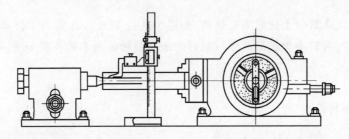

图 5-2-4　划线对刀法

➤ 知识点三:半圆键槽的检测方法

半圆键槽的宽度一般用塞规或塞块检测。槽的深度可选用一块厚度小于槽宽的样柱(直径为 d,d 小于半圆键槽直径),以配合游标卡尺或千分尺进行间接测量。槽深 $H = S-d$,如图5-2-5所示。键槽两侧面相对工件轴线的对称度测量方法与平键槽相同。

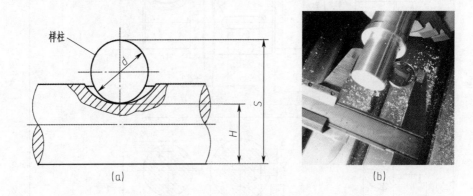

图 5-2-5　半圆键槽深度的测量

🚜任务实施

1. 拟定加工计划(见表5-2-1)

表 5-2-1　加工计划表

序号	工 作 步 骤	备注
1	测量工件余量	
2	装夹工件伸出长 50 mm,车端面	
3	倒角	
4	钻中心孔	
5	车削 $\phi34\times38$ mm 外圆至尺寸	
6	车削 $\phi25\times30$ mm 至尺寸	
7	掉头装夹,车端面保证总长	

序号	工 作 步 骤	备注
8	钻中心孔	
9	一夹一顶	
10	粗车 ϕ30 mm, ϕ25 mm, ϕ24 mm, ϕ20 mm 外圆,留精车余量	
11	精车 ϕ30 mm, ϕ25 mm, ϕ24 mm, ϕ20 mm 外圆至尺寸	
12	车螺纹退刀槽至尺寸	
13	车削 M24×1.5 的螺纹	
14	倒角	
15	用分度头一夹一顶装夹工件	
16	铣削 R3 键槽两处至尺寸	
17	去毛刺,检测工件	
18	用分度头一夹一顶掉头装夹工件	
19	铣削半圆键槽至尺寸	
20	去毛刺,检测工件	

2. 铣削半圆键槽

（1）根据确定的铣削方案,选择铣刀

半圆键槽需要用专用的半圆键槽铣刀铣削,并且要根据半圆键槽的圆弧半径选择相应直径的铣刀。为保护铣刀,同样采用分层次粗铣,最后精铣到位。在条件允许的情况下,在精铣时加切削液,以提高键槽的表面粗糙度。

（2）工件的装夹和找正

工件用万能分度头的三爪卡盘装夹,为找正工件的位置,使得加工的半圆键槽和前面的平键槽位置保持正确的相对位置,需要借助高度游标卡尺划线找正,如图 5-2-6 所示。

(a)划线　　　　　　　　　(b)找正

图 5-2-6　工件的找正

(3)选择切削用量,对刀、调整,进行铣削

粗铣时采用 $v_c = 40$ mm/min,进给速度 $v_f = 60$ mm/min;

精铣时采用 $v_c = 50$ mm/min,进给速度 $v_f = 37.5$ mm/min。

①铣削半圆键槽时的对刀步骤如图5-2-7所示。

(a)对中心　　　　　　　　　(b)对端面　　　　　　　　　(c)对深度

图5-2-7　半圆键槽刀对刀

②按照图纸尺寸,调整刻度盘,完成半圆键槽的铣削,如图5-2-8所示。

(a)铣削半圆键槽　　　　　　　　　　　　　(b)半圆键槽

图5-2-8　铣削半圆键槽

操作提示:

①为避免产生窜动现象,铣削工作台时应锁紧不使用的进给机构。

②用键槽铣刀铣削时,注意选择合理的切削用量及冷却液。

③铣削键槽时,要考虑对称度要求。

想一想

①如何提高键槽的表面粗糙度?

②对刀的方式有哪些种类?

任务评价

半圆键槽的铣削任务评价表见表5-2-2。

表 5-2-2　半圆键槽的铣削任务评价表

评价一：目测检查、功能检查		评分采用 10-9-7-5-3-0 分制				
序号	零件号	评价内容	自评	组评	师评	得分
1		按图正确加工				
2		零件外观完好				
3		毛刺去除符合要求				
4		表面粗糙度符合要求				
5		与基准面的垂直度 0.05 mm				
评价一成绩						

评价二：尺寸检测		评分采用 10-0 分制				
序号	零件号	图纸尺寸/mm	公差/mm	实际尺寸		得分
				自评	组评	师评
1		$\phi20$	-0.05			
2		$\phi25$	±0.2			
3		$\phi30$	-0.05			
4		$\phi25$	-0.05			
5		$\phi34$	±0.3			
6		20	±0.2			
7		38	±0.3			
8		60	±0.3			
9		90	±0.3			
10		30	±0.2			
11		125	±0.5			
12		M24	GGLR/GGRL			
13	键槽 A	6h8				
14		15	±0.2			
15		12	±0.2			
16		对称度	0.05			
17	键槽 B	6h8				
18		25	±0.2			
19		15	±0.2			
20		7	±0.2			
21		对称度	0.05			
22	键槽 C	6N9	$^{0}_{-0.03}$			
23		21.5	+0.2			
24		对称度	0.05			
评价二成绩						

评价三:安全文明生产 评分采用 10-9-7-5-3-0 分制						
序号	零件号	评价内容	自评	组评	师评	得分
1		未违反安全文明操作规范,未损坏机床、夹具和刀具				
2		工量具摆放整齐有序,工作台整理达到要求,机床及周围干净清洁				

评价三成绩

评分组	成绩	因子	中间值	系数	结果	总分
目测检查		0.5		0.2		
尺寸检测		2.4		0.4		
安全文明生产		0.2		0.4		

分析总结

轴上半圆键槽铣削存在的问题	原因分析	解决办法

项目六 铣削牙嵌式离合器

任务一 六角螺栓头的铣削

学习目标

1. 掌握正多边形的有关计算方法。
2. 学会利用万能分度头进行简单分度。
3. 掌握万能分度头分度计算方法。
4. 学会铣削六角螺栓头。
5. 掌握六角螺栓的检测方法。

任务描述

本任务中，要把六角螺栓毛坯的螺栓头铣削为正六边形，如图6-1-1所示。这需要掌握万能分度头的分度方法，利用分度头进行分度，同时控制好尺寸精度。

图6-1-1 任务完成效果

任务分析

分析零件图6-1-2可知，零件总长为90 mm，毛坯直径需要计算。铣削加工前，需要在车床上完成车削部分φ16的外圆及M16的螺纹，同时完成螺栓头的外圆加工内容。在加工中主要要保证螺栓头分度的准确性及尺寸精度。在立式铣床上可以采用端面铣刀或者立铣刀进行铣削加工。六角螺栓头铣铣削工艺步骤如下：

①测量毛坯余量。
②用分度头装夹工件。
③铣削螺栓头六边形第一面。
④分度，铣削第二面。
⑤依次铣削剩余各面。

⑥去毛刺。

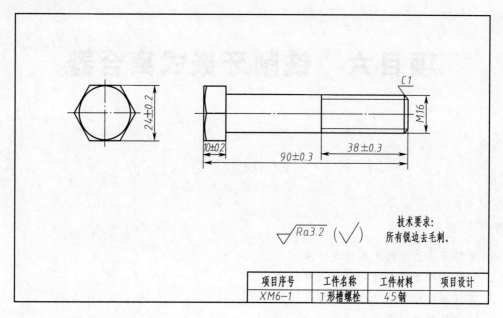

图 6-1-2　零件图

 相关知识

➤ 知识点一:正多边形的相关计算(见图 6-1-3)

$$中心角\ \alpha = \frac{360°}{z}$$

$$内角\ \theta = \frac{360°}{z}(z-2)$$

$$内切圆直径\ d = D\cos\frac{\alpha}{2}$$

式中　D——多边形外接圆直径;

　　　Z——多边形边数。

算一算

图 6-1-2 的零件毛坯外径选取多大合理?

➤ 知识点二:多边形工件的铣削方法

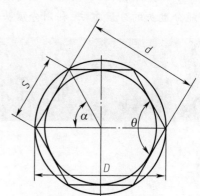

图 6-1-3　正多边形的计算

铣削短小的多边形工件一般采用分度头上的三爪自定心卡盘装夹,用三面刃铣刀、端面铣刀或立铣刀铣削。对工件的螺纹部分,要采用衬套或垫铜皮,如图 6-1-4 所示,以防夹伤螺纹。露出卡盘部分应尽量短些,防止铣削中工件松动。

想一想

为防夹伤螺纹,通常采用开口的衬套辅助装夹。为什么衬套要采用开口的?

铣削较长的工件时,可用分度头配以尾座装夹,用立铣刀或端铣刀铣削,如图 6-1-5 所示。

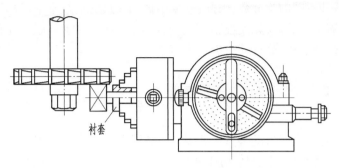

图 6-1-4　采用衬套装夹工件

对于批量较大、边数为偶数的多边形工件,可采用组合法铣削。组合法铣削时,一般用试切法对中心,如图 6-1-6 所示。

图 6-1-5　一夹一顶装夹工件

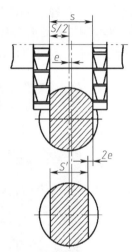

图 6-1-6　试切法对中心

> ➤　知识点三:万能分度头的分度方法

1. 直接分度法

分度时,先将蜗杆脱开蜗轮,用手直接转动分度头主轴进行分度。分度头主轴的转角由装在分度头主轴上的刻度盘和固定在壳体上的游标读出。分度完毕后,应用锁紧装置将分度主轴紧固,以免加工时转动。该方法往往适用于分度精度要求不高、分度数目较少(如等分数为 2、3、4、6)的场合。

2. 简单分度法

在万能分度头进行简单分度时,先将分度孔盘固定,转动分度手柄使蜗杆带动蜗轮转动,从而带动主轴和工件转过一定的转(度)数。分度手柄转过 $40n$,分度头的主轴转过 1 转,即传动比为 40:1。各种常用分度头(FK 型数控分度头除外)都采用这一传动比。简单分度时分度手柄的转数 n 与工件等分数 z 之间的关系如下:

$$n = \frac{40}{z}$$

由于工件有各种不同的等分数,因此,分度中摇柄转过的周数不一定都是整周数。所以在分度中,要按照计算出的周数,先使摇柄转过整周数,再在孔圈上转过一定的孔数(可以根据分度盘上的孔圈数,把分子、分母同时扩大或缩小)。

想一想

如果把零件六等分可选的孔盘孔数有哪些?

3. 角度分度法

角度分度法是简单分度法的另一种形式,主要用于工件需转过某一具体角度时的分度。由于分度手柄每转一转时,主轴只转过 $1/40n(9°)$,由此可得分度手柄的转数 n 与工件转过角度 θ 间的关系为:

$$n = \frac{\theta}{9°}$$

➢ **知识点四:六角螺栓的检测方法**

六角螺栓的检测工具要有游标卡尺和外径千分尺,检测内容包括对边尺寸精度和平行度,如图 6-1-7 所示。平行度可以用游标卡尺或千分尺检测对边的两端误差值。

 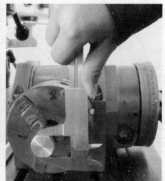

(a)用外径千分尺检测　　　　　　(b)用游标卡尺检测

图 6-1-7　六角螺栓的推测

➢ **知识点五:铣削六角螺栓头容易出现的问题**

1. 尺寸不准

主要原因是对刀不准或测量有误差。

2. 不成等边六边形

主要原因是分度不正确,分度时分度叉有移动或分度盘孔数数的不对。

3. 表面粗糙

主要原因是加工时有振动、加工参数不合理或刀具有磨损。

任务实施

1. 拟定加工计划(见表 6-1-1)

表 6-1-1　加工计划表

步骤	加工内容
1	去毛刺
2	测量毛坯尺寸,计算加工余量
3	装夹工件伸出长 20 mm,车端面
4	倒角 1×6°。
5	车削 ϕ28 mm×15 mm 外圆
6	掉头装夹
7	车端面,保证总长 90 mm
8	钻中心孔
9	一夹一顶装夹工件
10	粗精车 ϕ16 mm×80 mm 外圆
11	倒角 1.5×45°。
12	车削 M16 的螺纹
13	用分度头装夹工件
14	铣削螺栓头六边形
15	去毛刺

2. 铣削六角螺栓头

(1)工件的装夹和找正

六角螺栓头铣削需要采用万能分度头装夹,如图 6-1-8 所示。采用分度头装夹工件时,应找正分度头轴线,使分度头主轴与铣床工作台及进给方向平行。装夹工件时,应使六角螺栓头部距离分度头卡盘卡爪留有一定的安全距离,以免将分度头卡爪铣坏。

操作提示:

①铣削之前,要校正分度头主轴轴线及工件圆跳动。

②铣削时,注意防止铣伤分度头卡盘。

③安装分度头时,防止砸伤手或砸伤工作台。

④分度前,要将主轴锁紧、手柄松开;分度后,要锁紧分度头主轴。

图 6-1-8　采用万能分度头装夹

⑤分度时,摇柄上的插销应对正孔眼,慢慢地插入孔中。

⑥分度头的转动体需要扳转角度时,要松开紧固螺钉。

想一想

为什么铣削之前,必须校正分度头的主轴?

(2)根据确定的铣削方案,选择铣刀

铣削六角螺栓头可以采用端面铣刀或立铣刀铣削,螺栓头的单边铣削余量约为 2 mm,可以采用粗铣后测量尺寸,最后将螺栓头精铣到位。为提高铣削效率,本任务中采用 ϕ16 立铣刀铣削。

（3）选择切削用量,对刀、调整,进行铣削

粗铣时采用切削速度 $v_c = 20$ mm/min,进给速度 $v_f = 55$ mm/min;

精铣时采用切削速度 $v_c = 40$ mm/min,进给速度 $v_f = 43$ mm/min。

（4）立铣刀铣削六角螺栓时对刀调整的步骤

①调整刀具和工件的相对位置,将刀具置于工件上方,如图 6-1-9(a) 所示,使工件在横向进给时,刀具应该超出六角螺栓头外圆部分,又不至于碰到卡盘。

②在工件上表面对刀,缓慢下降铣刀或上升工作台,使刀具刚擦到工件上表面,如图 6-1-9(b) 所示,横向退出工件,并上升一个铣削深度。

(a) 将刀具置于工件上方　　　　　(b) 刀具刚擦到工件上表面

图 6-1-9　对刀方法

工件横向进给,如果对螺栓头精度要求较低,可以铣削后测量尺寸,计算余量,然后精铣至尺寸,再依次精铣其余五个边。如果对螺栓头精度要求较高,则粗铣第一个边后,依次粗铣第二边、第三边、第四边,当粗铣完第四边时,这时可以测量对边尺寸,如图 6-1-10 所示,计算加工余量,同时测量对边的平行度。

操作提示:

①为避免产生窜动现象,铣削时应锁紧工作台不使用的进给机构。

②铣削前要先找正工件,避免螺栓头偏心。

③计算和分度操作要准确无误,防止六边形的角度、边长等出错。

图 6-1-10　测量对边尺寸

④铣削时,注意防止铣伤分度头卡盘。

想一想

①如果第一边不留精加工余量,而是直接一次精铣到尺寸后,在铣第四边时,发现相对的两边不平行,能否修正过来?

②为了避免螺栓头偏心,应该怎样找正工件?

任务评价

六角螺栓头的铣削任务评价表见表6-1-2。

表6-1-2　六角螺栓头的铣削任务评价表

评价一:目测检查、功能检查　评分采用10-9-7-5-3-0分制						
序号	零件号	评价内容	自评	组评	师评	得分
1		按图正确加工				
2		零件外观完好				
3		毛刺去除符合要求				
4		表面粗糙度符合要求				
5		基准面平行度 0.05 mm				
评价一成绩						

评价二:尺寸检测　评分采用10-0分制						
序号	零件号	图纸尺寸/mm	公差/mm	实际尺寸		得分
				自评	组评	师评
1		24	±0.2			
2		90	±0.3			
3		10	±0.2			
4		38	±0.3			
评价二成绩						

评价三:安全文明生产　评分采用10-9-7-5-3-0分制						
序号	零件号	评价内容	自评	组评	师评	得分
1		未违反安全文明操作规范,未损坏机床、夹具和刀具				
2		工量具摆放整齐有序,工作台整理达到要求,机床及周围干净清洁				
评价三成绩						

评分组	成绩	因子	中间值	系数	结果	总分
目测检查		0.5		0.2		
尺寸检测		0.4		0.4		
安全文明生产		0.2		0.4		

分析总结

铣削六角螺栓头存在的问题	原因分析	解决办法

操作提示:

①测量前检查量具测量面是否擦拭干净。

②检测前量具要校零。

③检测时要掌握正确的测量方法。

任务二　牙嵌式离合器的铣削

学习目标

1. 掌握牙嵌式离合器的种类。
2. 掌握铣削矩形齿离合器的方法和步骤。
3. 掌握铣削离合器的对刀方法。
4. 掌握离合器的质量检测方法。
5. 学会对铣削的离合器进行质量分析。

任务描述

本任务是铣削铣床的进给手轮轴的离合器,如图6-2-1所示。离合器既可以在卧式铣床上铣削,也可以在立式铣床上铣削。

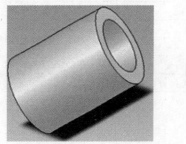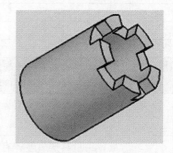

图 6-2-1　任务完成效果

任务分析

加工一个奇数齿的矩形齿离合器,铣削时铣刀每次进给可以穿过离合器整个端面,一次进给可以铣削两个齿侧面,进给次数与离合器齿数相等,所以铣削方法相对比较简单。

分析零件图6-2-2可知,零件总长为50 mm,直径为φ50 mm。铣削加工前,需要在车床上完成车削部分有φ50 mm的外圆及φ26 mm的内孔。在加工时,要保证离合器齿槽分度的准确性及尺寸精度。本任务选择在立式铣床上采用立铣刀进行铣削加工。牙嵌式离合器铣削工艺步骤如下:

①测量毛坯余量。

②用分度头装夹工件并校正工件圆跳动。

③铣削离合器齿槽至尺寸。

④铣削齿侧间隙。

⑤去毛刺,检测工件。

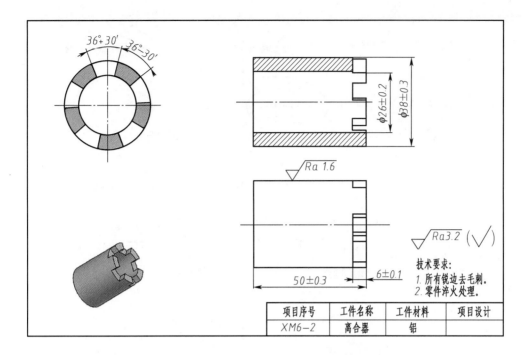

图 6-2-2　牙嵌式离合器零件图

相关知识

➢ 知识点一：牙嵌式离合器的结构特征和技术要求

1. 牙嵌式离合器的分类

牙嵌式离合器按齿形可分为矩形齿、梯形齿、尖齿形齿和锯齿形齿等几种；按轴向截面齿高变化可分为等高齿离合器和收缩齿离合器两种，如图 6-2-3 所示。

想一想

铣床进给手轮轴的离合器是哪一种类型的离合器？

2.牙嵌式离合器的结构特征

①各齿的齿侧面都必须通过离合器的轴线或向轴线上一点收缩。

②对于等高齿离合器，其齿顶面与槽底面平行。

3. 牙嵌式离合器的主要技术要求

①齿形准确。

②同轴精度高。

③等分精度高。

④表面粗糙度值小。

⑤齿部强度高，齿面耐磨性好。

➢ 知识点二：牙嵌式离合器的铣削方法

在铣床上铣牙嵌式离合器，工件通常装在万能分度头的三爪卡盘内，工件轴线应该与分度头主轴轴线重合，如图 6-2-4 所示。铣削牙嵌式离合器时，铣刀要根据离合器齿槽形状来选

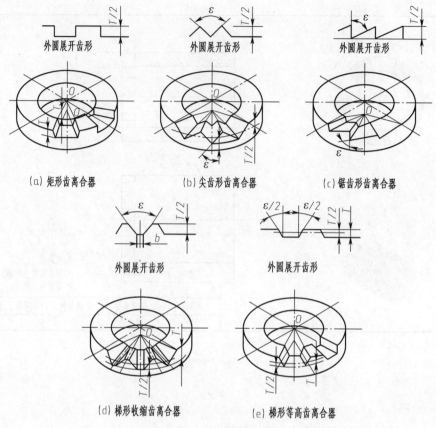

图 6-2-3　离合器的种类

择。矩形齿离合器选用三面刃铣刀或立铣刀;锯齿形离合器选用单角铣刀;尖齿离合器选用对称双角铣刀;梯形收缩齿离合器选用梯形槽成型铣刀;梯形等高齿离合器选用专用铣刀。

➤　知识点三:矩形齿离合器的检测

矩形齿离合器的齿槽深度、齿的等分性,可直接用游标卡尺分别测量齿顶到槽底的距离和每个齿的大端弦长是否相等,如图 6-2-5 所示。

(a) 齿槽深度检测　　　　　(b) 齿弦长检测

图 6-2-4　牙嵌式离合器铣削　　　　图 6-2-5　齿槽深度、齿的等分性检测

对于离合器的接触齿数和贴合情况,可将一对离合器套在标准心轴上,接合后用塞尺或涂色法检测其贴合齿数和贴合面积,如图 6-2-6 所示。

(a)涂色法检测　　　　　　　　　　　(b)塞尺法检测

图 6-2-6　矩形齿离合器的检测

任务实施

1. 拟定加工计划(见表6-2-1)

表 6-2-1　加工计划表

步骤	加　工　内　容
1	测量毛坯余量
2	装夹工件伸出长 60 mm，车端面
3	钻 ϕ24 mm 的通孔
4	粗精车外圆 ϕ38 mm×52 mm
5	掉头装夹
6	车端面，保证总长 105 mm
7	粗精车外圆 ϕ38 mm×52 mm
8	离端面 51 mm 处切断
9	车端面，保证总长 50 mm
10	镗孔 ϕ26 mm
11	用分度头装夹工件并校正工件圆跳动
12	铣削离合器齿槽至尺寸
13	铣削齿侧间隙
14	去毛刺，检测工件

2. 铣削牙签式离合器

(1)工件的装夹和找正

工件装夹在分度头三爪卡盘上，工件轴线应与分度头主轴轴线重合，分度头主轴轴线与工作台台面垂直，装夹时应校正工件的径向圆跳动和端面圆跳动符合要求，如图6-2-7所示。

操作提示：

①同一组同学互相配合，将分度头安装在工作台面上，使主轴轴线与工作台台面垂直。注意安全，防止砸伤手。

②用百分表检查工件的径向圆跳动和端面圆跳动,使其符合要求。

想一想

为什么铣削之前,要校正工件的径向圆跳动和端面圆跳动?

(2)根据确定的铣削方案,选择铣刀

铣削牙嵌式离合器时,通常一次性将深度铣到位。铣矩形齿离合器时选用三面刃铣刀或立铣刀。为了避免在铣削中切到相邻的齿,三面刃铣刀的宽度 L(或立铣刀的直径 d)应等于或小于齿槽的最小宽度,如图 6-2-8 所示。本任务中选择符合要求的高速钢立铣刀。

图 6-2-7 校正工件的圆跳动

想一想

立铣刀的直径应该选多大合适?

L(或 d)值按下式计算:

$$L(d) \leqslant \frac{d_1}{2}\sin\alpha = \frac{d_1}{2}\sin\frac{180°}{z}$$

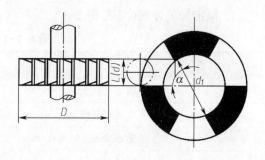

式中　$L(d)$——铣刀宽度(或直径),mm;

　　　　α——离合器齿槽角,(°);

　　　　d_1——离合器齿圈内径,mm;

　　　　z——离合器齿数。

图 6-2-8 奇数齿铣削方法

(3)选择切削用量,对刀、调整,进行铣削

铣削时,采用切削速度 $v_c = 30$ mm/min,进给速度 $v_f = 28$ mm/min。

(4)对刀

应使三面刃铣刀的侧面刀刃或立铣刀的圆周刀刃通过工件中心。调整的方法是使旋转的三面刃铣刀的侧面刀刃或立铣刀的圆周刀刃与工件圆柱表面刚刚接触,如图 6-2-9 所示,下降工作台,使工件向铣刀横向移动等于工件半径的距离。铣刀对中后,按齿槽深调整工作台的垂直距离,并将横向和升降进给锁紧,同时,将对刀时工件上切伤的部分转到齿槽位置(以便

(a)对中心

(b)对深度

(c)调整切削深度

图 6-2-9 对中心方法

铣削时切去)。

（5）铣削方法

铣削时,铣刀每次进给可以穿过离合器整个端面,一次铣出两个齿的各一个侧面,如图6-2-10所示。每次进给结束,退出工件后用分度头分度,使工件转到新的切削位置,然后继续下一次进给,直至铣削结束,而铣削的总进给次数刚好等于离合器的齿数。

操作提示:

①分度前,要把主轴锁紧手柄松开;分度后,要锁紧分度头主轴。

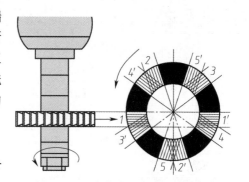

图6-2-10　奇数齿离合器的铣削顺序

②分度时,摇柄上的插销应对正孔眼,慢慢地插入孔中。

③分度头的转动体需要扳转角度时,要松开紧固螺钉。

④当摇柄转过预定孔的位置时,必须消除蜗轮与蜗杆的配合间隙。

⑤分度时,注意分度的准确性,要防止铣出的齿形不正确。

（6）铣齿侧间隙

为使离合器工作时能顺利地嵌合和脱开,矩形齿离合器的齿侧应有一定的间隙。间隙是采取将离合器的齿侧多铣去一些,使齿槽大于齿牙的方法来保证。铣齿侧间隙的方法有如下两种:

①偏移中心法。铣刀对中后,使三面刃铣刀的侧面刀刃(或立铣刀的圆周刀刃)向齿侧方向偏过工件中心0.2~0.3 mm,如图6-2-11所示。

②偏转角度法。将全部齿槽铣完后,将工件转过约2°~4°,再对各齿一侧铣一次,使齿侧产生间隙,而齿侧面仍通过工件轴线,如图6-2-12所示。这种方法适用于精度要求较高的离合器的加工。

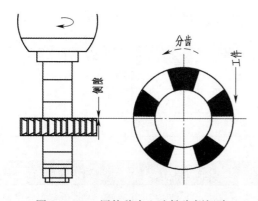

图6-2-11　用偏移中心法铣齿侧间隙

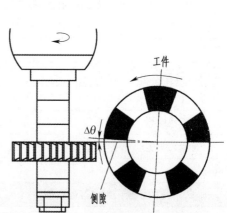

图6-2-12　用偏转角度法铣齿侧间隙

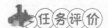任务评价

牙嵌式离合器的铣削任务评价表见表6-2-2。

表6-2-2　牙嵌式离合器的铣削任务评价表

评价一:目测检查、功能检查　　评分采用 10-9-7-5-3-0 分制						
序号	零件号	评价内容	自评	组评	师评	得分
1		按图正确加工				
2		零件外观完好				
3		毛刺去除符合要求				
4		表面粗糙度符合要求				
5		尺侧接触面积不小于 60%				

评价一成绩

评价二:尺寸检测　　评分采用 10-0 分制						
序号	零件号	图纸尺寸/mm	公差/mm	实际尺寸		得分
				自评	组评	师评
1		ϕ26	±0.2			
2		ϕ38	±0.3			
3		6	±0.1			
4		50	±0.3			

评价二成绩

评价三:安全文明生产　　评分采用 10-9-7-5-3-0 分制						
序号	零件号	评价内容	自评	组评	师评	得分
1		未违反安全文明操作规范,未损坏机床、夹具和刀具				
2		工量具摆放整齐有序,工作台整理达到要求,机床及周围干净清洁				

评价三成绩

评分组	成绩	因子	中间值	系数	结果	总分
目测检查		0.5		0.2		
尺寸检测		0.4		0.4		
安全文明生产		0.2		0.4		

分析总结

铣削牙嵌式离合器存在的问题	原因分析	解决办法

操作提示：

①测量前检查量具测量面是否擦拭干净。

②检测前量具要校零。

③检测时要掌握正确的测量方法。

 知识拓展

偶数齿矩形离合器的铣削

1. 铣刀选择

铣偶数齿矩形齿离合器也用三面刃铣刀或立铣刀。三面刃铣刀的宽度或立铣刀直径尺寸的确定与铣奇数齿离合器相同，如图 6-2-13 所示。但铣偶数齿离合器时，为了避免三面刃铣刀铣伤对面的齿又能将槽底铣平，三面刃铣刀的最大直径可用下式确定：

$$D \leqslant \frac{T^2 + d_1^2 - 4L^2}{T}$$

式中　D——三面刃铣刀允许最大直径；

　　　T——离合器齿槽深；

　　　d_1——离合器齿圈内径；

　　　L——三面刃铣刀宽。

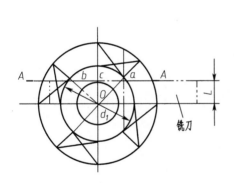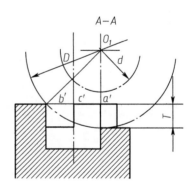

图 6-2-13　偶数齿离合器的铣刀选择

2. 铣削方法

工件的装夹、校正、划线、对中心线方法与铣奇数齿矩形齿离合器相同。铣偶数离合器时，铣刀不能通过工件整端面。每次分度只能铣出一个齿的一个侧面。因此注意防止铣伤对面的齿。

铣削时首先使铣刀的端面 1 对准工件中心，分度铣出齿侧 1、2、3、4，然后将工件转过一个槽角 α，再将工作台移动一个刀宽的距离，使铣刀端面 2 对准工件中心，再依次铣出每个齿的另一个侧面 5、6、7、8，如图 6-2-14 所示。

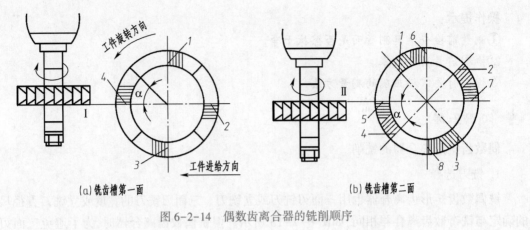

(a) 铣齿槽第一面　　　　　　　　　　　(b) 铣齿槽第二面

图 6-2-14　偶数齿离合器的铣削顺序

项目七　综合训练

任务一　水平仪的铣削

1. 会读复杂的零件图。
2. 了解 V 形槽铣削的方法。
3. 掌握加工工艺的制订。
4. 会分析影响配合精度的因素。
5. 掌握铣削 V 形槽的技巧。
6. 能掌握薄板类零件的铣削方法。
7. 掌握同时保证位置精度和尺寸精度的方法。
8. 能对铣削件进行质量分析。

本任务需要完成一个水平仪的加工,它被广泛应用在机床等设备的调校水平上,任务完成效果图,如图 7-1-1 所示。

图 7-1-1　任务完成效果

任务分析

分析零件图 7-1-2 可以知道，本任务中要完成一个综合件加工，它是由若干个小零件组装而成，分别是零件 1、零件 3 和零件 5。零件 1 包含的加工内容有铣平面、铣两个封闭沟槽、铣两个直角沟槽、铣一个 V 形槽；零件 3 属于薄壁零件，加工内容是铣平面，加工时要注意防止铣伤夹具；零件 5 同样属于薄壁零件，包含的加工内容有铣平面、铣一个封闭沟槽和两端圆弧的加工，两端的圆弧可以采取锉削的方法加工。

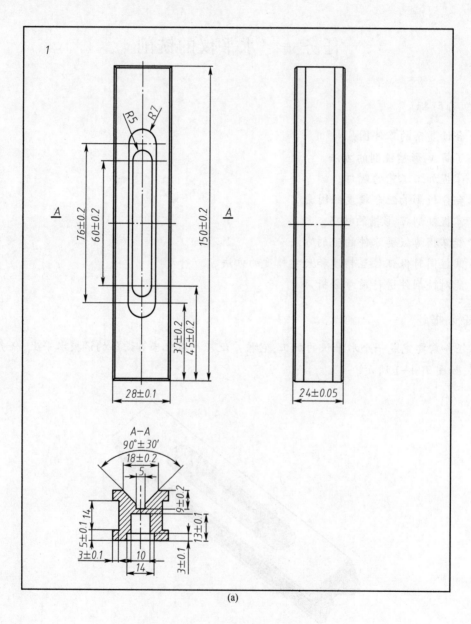

(a)

图 7-1-2　水平仪零件图

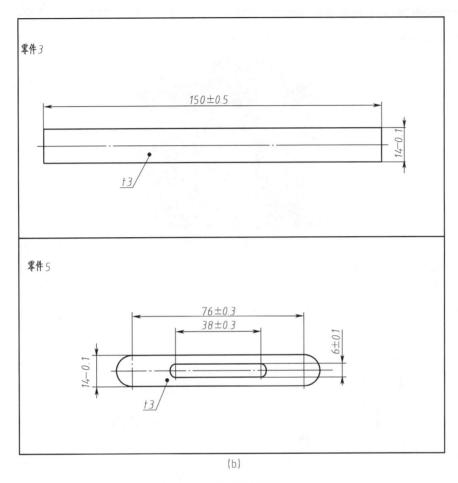

图 7-1-2 水平仪零件图(续)

相关知识

➤ 知识点一:封闭沟槽的铣削方法
封闭沟槽的铣削如图 7-1-3 所示,方法详见项目二。

➤ 知识点二:直角沟槽的铣削方法
直角沟槽的铣削如图 7-1-4 所示,方法详见项目三。

图 7-1-3 铣削封闭沟槽

图 7-1-4 铣削直角沟槽

➢ 知识点三:V 形槽的铣削方法

V 形槽的铣削如图 7-1-5 所示,方法详见项目四。

图 7-1-5　铣削 V 形槽

➢ 知识点四:圆弧的锉削方法

常见的外圆弧面锉削方法有顺锉法和滚锉法。顺锉法切削效率高,适于粗加工;滚锉法锉出的圆弧面不会出现有棱角的现象,一般用于圆弧面的精加工阶段,如图 7-1-6 所示。

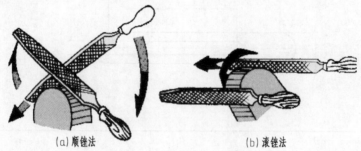

(a) 顺锉法　　　　　　　(b) 滚锉法

图 7-1-6　外圆弧面的锉削方法

➢ 知识点五:圆弧的检测方法

锉削加工后的圆弧面,可采用圆弧样板(又称 R 规)检查曲面的轮廓度,如图 7-1-7 所示。其中图(a)所示的凸样板用来检测内圆弧面,图(b)所示的凹样板用于检测外圆弧面。测量时,要在整个弧面上测量,综合进行评定。

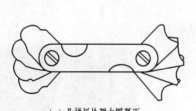

(a) 凸样板检测内圆弧面　　　　　　　(b) 凹样板检测外圆弧面

图 7-1-7　R 规检测圆弧

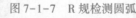任务实施

1. 拟定加工计划(见表 7-1-1)

表 7-1-1　加工计划表

序号	工 作 步 骤	备 注
1	去毛刺	零件 1
2	测量毛坯	
3	装夹工件	
4	铣削 6 个基准面,保证尺寸 150 mm×28 mm×24 mm	
5	V 形槽宽 18 mm 及底槽宽 5 mm,两面划线,两个键槽划线	
6	铣削 V 形槽	
7	倒角 0.5×45° 4 处	
8	铣削宽 5 mm 的底槽	
9	铣削键槽 60 mm×10 mm	
10	铣削键槽 76 mm×14 mm	
11	铣两侧宽 14 mm 通槽	
12	检测	
13	去毛刺	零件 3
14	测量毛坯	
15	装夹工件	
16	铣削 6 个基准面,保证尺寸 150 mm×14 mm×3 mm	
17	检测	
18	去毛刺	零件 5
19	测量毛坯	
20	装夹工件	
21	铣削 6 个基准面,保证尺寸 90 mm×14 mm×3 mm	
22	划线中线、键槽 38×6、R7 圆弧	
23	铣键槽	
24	锉削 R7 圆弧	
25	检测	

2. 铣削水平仪

（1）铣削零件 1

零件 1 铣削如图 7-1-8 所示,铣削加工内容包括铣削长方体、铣封闭沟槽、铣直角通槽,以及铣 V 形槽。铣封闭沟槽、铣直角通槽的铣削方法详见项目二和项目三的介绍,V 形槽的铣削方法详见项目四的介绍。

操作提示:

①为避免产生窜动现象,铣削工作台时应锁紧不使用的进给机构。

②铣削封闭沟槽时，注意选择合理的切削用量及冷却液。

③零件1的长度为150 mm，平口钳张开可能不够，可以把平口钳转90°后装夹工件。

④如采用卧式铣床铣削，铣削前应调整横梁至合适位置，保证铣削时行程够长。

（2）铣削零件3

零件3铣削如图7-1-9所示，由于是薄壁零件，铣削时要采取合适的装夹方式，避免铣削时产生振动，另外特别要注意防止铣伤平口钳。

（3）铣削零件5

零件5铣削如图7-1-10所示，也是薄壁零件，需要注意的是中间键槽部分，在铣削的时候需要避开垫铁，以免损坏垫铁。

图7-1-8　铣削零件1

图7-1-9　铣削薄壁零件

图7-1-10　铣削封闭沟槽

 任务评价

水平仪的铣削任务评价表见表7-1-2。

表7-1-2　水平仪的铣削任务评价表

评价一：目测检查、功能检查　　评分采用10-9-7-5-3-0分制						
序号	零件号	评价内容	自评	组评	师评	得分
1		按图正确加工				
2		零件外观完好				
3		毛刺去除符合要求				
4		表面粗糙度符合要求				
5		与基准面的垂直度0.05 mm				

评价一成绩								
1		150	±0.2					
2		28	±0.1					
3		24	±0.05					
4		76	±0.2					
5		60	±0.2					
6		37	±0.2					
7		45	±0.2					
8	1	14	GLD					
9		5	±0.1					
10		侧槽3	±0.1					
11		13	±0.2					
12		键槽3	±0.1					
13		18	±0.2					
14		9	±0.2					
15		90°	±30′					
16	3	150	±0.5					
17		14	−0.1					
18		76	±0.3					
19	5	38	±0.3					
20		14	−0.1					
21		6	±0.1					

评价二成绩

评价三:安全文明生产　评分采用10-9-7-5-3-0分制						
序号	零件号	评价内容	自评	组评	师评	得分
1		未违反安全文明操作规范,未损坏机床、夹具和刀具				
2		工量具摆放整齐有序,工作台整理达到要求,机床及周围干净清洁				

续上表

评价三成绩

评分组	成绩	因子	中间值	系数	结果	总分
目测检查		0.5		0.2		
尺寸检测		2.1		0.4		
安全文明生产		0.2		0.4		

分析总结

水平仪铣削存在的问题	原因分析	解决办法

任务二　钻床夹具的铣削

学习目标

1. 会读复杂的零件图。
2. 了解斜面铣削的方法。
3. 掌握加工工艺的制订。
4. 会分析影响配合精度的因素。
5. 能掌握铣削斜面的技巧。
6. 能掌握钻孔和铰孔的方法。
7. 掌握同时保证位置精度和尺寸精度的方法。
8. 能对铣削件进行质量分析。

任务描述

本任务要做一个钻床上常用的夹具,如图7-2-1所示。

任务分析

分析零件图7-2-2可知,本任务要完成一个综合件加工,它是由若干个小零件组装而成,其中涉及铣削加工的分别是零件1和零件2。零件1和2包含的加工内容有铣平面、铣斜面、钻孔、扩孔、铰孔和攻螺纹等。

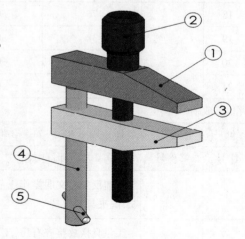

图7-2-1　任务完成效果

1—上夹板;2—螺杆;3—下夹板;4—顶杆;5—圆柱销

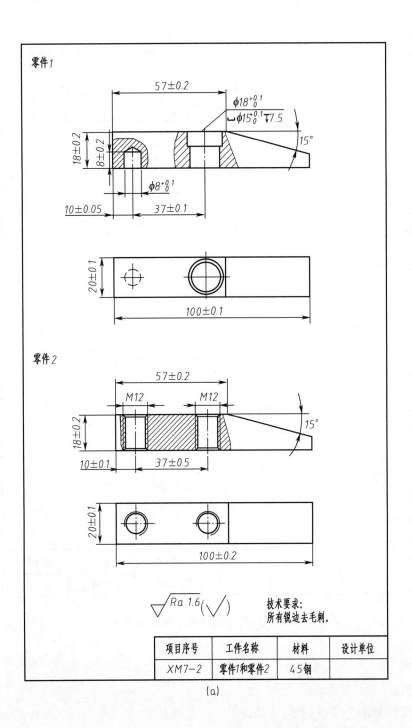

图 7-2-2　钻床夹具零件图

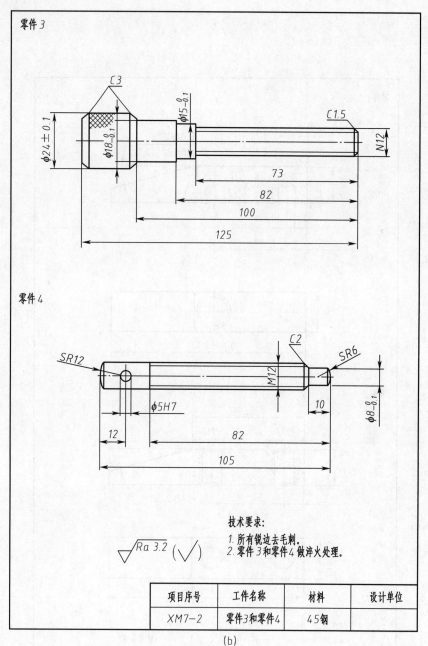

图 7-2-2　钻床夹具零件图(续)

 相关知识

➤　知识点一:斜面的铣削

斜面的铣削如图 7-2-3 所示,方法详见项目二的介绍。

➤　知识点二:钻孔的相关知识

1. 钻孔

在实体材料上用钻头加工孔的方法称为钻孔,如图 7-2-4 所示。钻孔前需要对各孔的位置进行确定。钻孔的一般顺序:划线确定孔的中心位置—在十字交叉处打样冲眼以便定位—钻孔。

图 7-2-3　铣削斜面

图 7-2-4　在铣床上进行钻孔

2. 孔加工刀具

（1）麻花钻

麻花钻是一种形状复杂的孔加工刀具,应用十分广泛,常用来钻削精度较低和表面粗糙度要求不高的孔。麻花钻主要由刀体、颈部和刀柄构成,如图 7-2-5 所示。

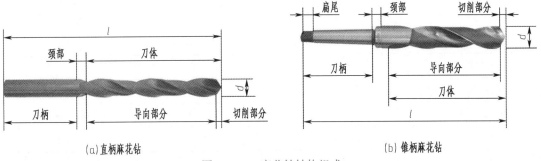

（a）直柄麻花钻

（b）锥柄麻花钻

图 7-2-5　麻花钻结构组成

麻花钻的刀体包括切削部分和导向部分,刀体各部分名称如图 7-2-6 所示。麻花钻的顶角一般为 $2\kappa_r = 118°$,横刃斜角 $\psi = 55°$,如图 7-2-7 所示。

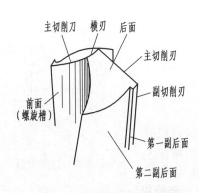

图 7-2-6　麻花钻刀体各部分名称

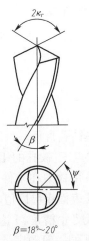

图 7-2-7　几何角度

（2）中心钻

中心钻用于孔加工的预制精确定位，引导麻花钻进行孔加工，可以减小误差。中心钻有 A 型和 B 型两种型式。A 型是不带护锥的中心钻，B 型是带护锥的中心钻，如图 7-2-8 所示。

（a）A 型　　　　　　　　　（b）B 型

图 7-2-8　中心钻类型

3. 钻削用量

（1）切削速度（v_c）

钻削速度 v_c 的选用见表 7-2-1，计算公式如下：

$$v_c = \frac{\pi d n}{1\ 000} \quad \text{m/min}$$

表 7-2-1　钻削速度 v_c 的选用（m/min）

加工材料	v_c	加工材料	v_c
低碳钢	25~30	铸铁	20~25
中、高碳钢	20~25	铝合金	40~70
合金钢、不锈钢	15~20	铜合金	20~40

（2）进给量（f）

每转进给量 f——麻花钻每回转一周，麻花钻与工件在进给方向（麻花钻轴向）上的相对位移量（mm/r）。通常用手动进给。

（3）切削深度（a_p）

切削深度 a_p—— 一般指已加工表面与待加工表面间的垂直距离。钻孔时的切削深度等于麻花钻直径的一半，如图 7-2-9 所示，即：

$$a_p = \frac{1}{2} D$$

式中　D——钻孔直径。

➤　知识点三：铰孔的相关知识

铰孔——用铰刀在工件孔壁上切除微量金属层，以提高其尺寸精度并减小其表面粗糙度值的方法。铰孔是普遍应用的孔的精加工方法之一，其尺寸精度可达 IT9 ~ IT7，表面粗糙度 Ra 值可小于 1.6 μm。铰孔的一般顺序：钻孔—扩孔—铰孔，要求高的孔还要分粗铰和精铰。

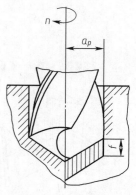

图 7-2-9　钻削用量

1. 铰刀的结构与分类

铰刀机构由柄部、颈部及工作部分组成,如图7-2-10所示。铰刀按使用方式分手用铰刀和机用铰刀两种,机用铰刀按柄部又分为直柄铰刀和锥柄铰刀两种。

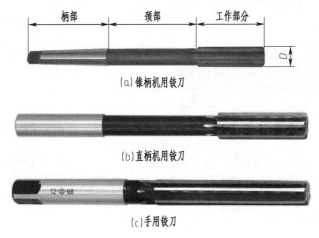

图7-2-10 铰刀的结构和分类

2. 铰削用量

（1）铰削余量

选择铰孔余量时的考虑因素有:铰孔精度、表面粗糙度、铰刀类型、孔径的大小、工件材质的软硬等,铰孔余量参考见表7-2-2。

表7-2-2 铰孔余量(mm)

孔径	≤6	>6~10	>10~18	>18~30	>30~50	>50~80	>80~120
粗铰	0.10	0.10~0.15	0.1~0.15	0.10~0.15	0.10~0.15	0.10~0.15	0.10~0.15
精铰	0.04	0.04	0.05	0.07	0.07	0.10	0.15

（2）切削速度与进给量

在铣床上用普通高速钢铰刀铰孔,加工材料为铸铁时,切削速度 $v_c \leqslant 10$ m/min,进给量 $f \leqslant 0.8$ mm/r。

加工材料为钢时,切削速度 $v_c \leqslant 8$ m/min,进给量 $f \leqslant 0.4$ mm/r。

（3）切削液

铰削韧性材料 :选用乳化液或极压乳化液。

铰削铸铁等脆性材料 :选用煤油或煤油与矿物油的混合液。

➢ 知识点四:攻螺纹的方法

1. 攻螺纹工具

（1）丝锥

丝锥是加工内螺纹的工具,分为机用丝锥与手用丝锥。丝锥的主要构造如图7-2-11所示,由工作部分和柄部构成,其中工作部分包括切削部分和校准部分。丝锥的柄部做有方榫,可便于夹持。

（2）铰杠

铰杠是手工攻螺纹时用来夹持丝锥的工具,分普通铰杠(图 7-2-12)和丁字铰杠(图 7-2-13)两类。丁字铰杠又分为固定式和活络式两种。丁字铰杠主要用于攻工件凸台旁的螺纹或箱体内部的螺纹;活络式铰杠可以调节夹持丝锥方榫。

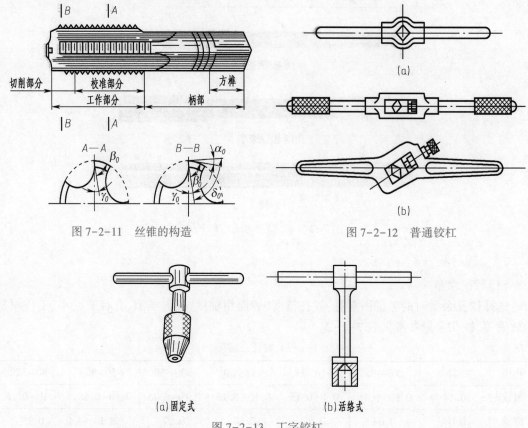

图 7-2-11　丝锥的构造

图 7-2-12　普通铰杠

图 7-2-13　丁字铰杠

2. 攻螺纹前底孔直径与深度的计算

（1）攻螺纹前底孔直径的计算

对于普通螺纹来说,底孔直径可根据下列经验公式计算得出:

脆性材料 $\qquad D_{底}=D-1.05P$

韧性材料 $\qquad D_{底}=D-P$

式中　$D_{底}$——底孔直径;

$\quad D$——螺纹大径;

$\quad P$——螺距。

（2）攻螺纹前底孔深度的计算

攻盲孔螺纹时,由于丝锥切削部分有锥角,前端不能切出完整的牙型,所以钻孔深度应大于螺纹的有效深度。可按下面公式计算:

$$H_{钻}=h_{有效}+0.7D$$

式中　$H_{钻}$——底孔深度;

$h_{有效}$——螺纹有效深度；

D——螺纹大径。

3. 攻螺纹方法

①在螺纹底孔的孔口处要倒角,通孔螺纹的两端均要倒角,这样可以保证丝锥比较容易地切入,并防止孔口出现挤压出的凸边。

②起攻时应使用头锥。用手掌按住铰杠中部,沿丝锥轴线方向加压用力,另一手配合做顺时针旋转;或两手握住铰杠两端均匀用力,并将丝锥顺时针旋进,如图 7-2-14 所示。一定要保证丝锥中心线与底孔中心线重合,不能歪斜,如图 7-2-15 所示。

(a)一手加压;另一手配合顺时针旋进

(b)两手均匀用力;同时顺时针旋进

图 7-2-14 起攻方法

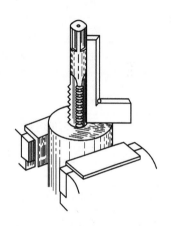

图 7-2-15 检查攻螺纹垂直度

③当丝锥切削部分全部进入工件时,不要再施加压力,只需靠丝锥自然旋进切削。此时,两手要均匀用力,铰杠每转 1/2~1 圈,应倒转 1/4~1/2 圈断屑。

④攻螺纹时必须按头锥、二锥、三锥的顺序攻削,以减小切削负荷,防止丝锥折断。

⑤攻盲孔螺纹时,可在丝锥上做深度标记,并经常退出丝锥,将孔内切屑清除,否则会因切屑堵塞而折断丝锥或攻不到规定深度。

 任务实施

1. 拟定加工计划(见表 7-2-3)

表 7-2-3 加工计划表

序号	工 作 步 骤	备 注
1	去毛刺	零件1
2	测量毛坯	
3	装夹工件	
4	铣削 6 个基准面,保证尺寸 100 mm×20 mm×18 mm 及公差、垂直度、平行度、平面度	
5	划线	

6	铣削 15° 的斜面	
7	钻 ϕ15 mm 的通孔	
8	钻 ϕ18 mm×7.5 mm 的沉孔	
9	钻 ϕ8 mm×8 mm 的盲孔	
10	去毛刺,检测工件	
11	去毛刺	
12	测量毛坯	
13	装夹工件	
14	铣削 6 个基准面,保证尺寸 100 mm×20 mm×18 mm 及公差,垂直度、平行度、平面度	零件2
15	划线	
16	铣削 15° 的斜面	
17	钻 M12 的底孔	
18	攻丝 M12	
19	去毛刺,检测工件	
20	测量毛坯	
21	车端面	
22	倒角 1.5×45°	
23	钻中心孔	
24	掉头装夹,伸出长度 35 mm	
25	车端面,保证总长	
26	粗精车 ϕ24 mm 外圆	
27	滚花	零件3
28	倒角 3×45°	
29	用铜皮包裹滚花处,一夹一顶装夹	
30	粗精车外圆 ϕ18 mm,ϕ15 mm,ϕ11.82 mm	
31	倒角 1.5×45°	
32	套螺纹 M12	
33	检测工件	
34	测量毛坯	
35	装夹工件伸出长度 55 mm	零件4
36	粗精车外圆 ϕ11.82 mm 和 ϕ8 mm	

序号	工 作 步 骤	备　注
37	车 R6mm 圆弧	
38	倒角 2×45°	
39	掉头装夹,伸出长度 60 mm	
40	粗精车外圆 ϕ11.82 mm	
41	车削 R12 mm 圆弧	零件 4
42	钻孔 ϕ4.8 mm	
43	铰孔 ϕ5H7	
44	套螺纹 M12	
45	检测工件	

2. 铣削钻床夹具

1)铣削零件 1

零件 1 铣削加工内容包括铣削长方体、铣斜面、钻孔和扩孔。铣削长方体、铣斜面的方法详见项目二介绍,钻孔和扩孔的方法详见项目七的介绍。

(1)铣斜面

铣削斜面如图 7-2-16 所示,要注意防止铣坏平口钳。

(2)钻孔

ϕ4.8 mm 的孔可以在铣床上钻孔,也可在钻床进行,如图 7-2-17 所示。要注意防止选错钻头直径。

图 7-2-16　铣斜面

图 7-2-17　钻孔

(3)铰孔

ϕ4.8 mm 的孔钻孔完成后要铰孔成为 ϕ5H7 的孔,铰孔之前注意先要孔口倒角,并在铰刀或孔口加油,如图 7-2-18 所示。

(4)钻孔和铣沉孔

ϕ15 mm 的通孔钻孔和 ϕ18 mm×7.5 mm 的沉孔应当一次装夹完成加工,如图 7-2-19 所示,避免产生孔的同轴度误差。

图 7-2-18　铰孔

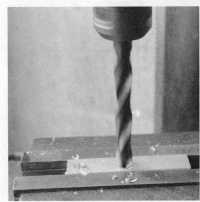

(a)钻孔

(b)扩孔

图 7-2-19　钻孔和铣沉孔

操作提示：

①铣削斜面时要注意角度。

②钻孔时应该合理选用钻头的转速，并加注切削液。

③铰孔的加工余量不可超过 0.3 mm。

④铰刀退出的过程中切不可翻转。

⑤在铣床上扩孔时，要锁紧横向和纵向的进给机构，防止工件振动。

2)铣削零件 2

零件 2 铣削加工内容包括铣削长方体、铣斜面、钻孔、扩孔和攻螺纹。铣削长方体、铣斜面的方法详见项目二的介绍，钻孔、扩孔和攻螺纹如图 7-2-20 所示，方法详见项目七的介绍。

(1)钻螺纹底孔

钻螺纹底孔如图 7-2-20 所示，注意要选择恰当的钻头直径。

(2)攻丝

攻丝如图 7-2-21 所示，注意攻丝前要孔口倒角，丝锥上加润滑油，另外，攻丝前三圈要始终注意观察丝锥是否垂直与工件表面，如果发现不垂直，则要及时调整。

操作提示：

①攻螺纹前要注意底孔尺寸。

②攻螺纹时要注意适当翻转退出以便排出铁屑。

图 7-2-20　钻螺纹底孔

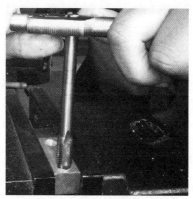

图 7-2-21　攻丝

想一想

①为什么铣台阶分为粗铣和精铣?

②什么是顺铣?什么是逆铣?粗加工和精加工如何选用顺铣或逆铣?

③攻螺纹时为什么要加入润滑油?

④攻螺纹的丝锥为什么要分头攻和二攻?

3)零件4钻孔和锉削圆弧

①零件4钻孔要注意,钻孔时对准工件的轴线,在最高点钻孔,如图7-2-22所示,否则会造成钻偏。

②螺杆可以借助零件2装夹,锉削螺杆头部的圆弧,如图7-2-23所示,锉刀摆动要均匀。

图 7-2-22　螺杆头部钻孔

图 7-2-23　锉削螺杆头部圆弧

任务评价

钻床夹具的铣削任务评价表见表7-2-4。

表 7-2-4　钻床夹具的铣削任务评价表

评价一:目测检查、功能检查		评分采用 10-9-7-5-3-0 分制				
序号	零件号	评价内容	自评	组评	师评	得分
1		按图正确加工				
2		零件外观完好				

续上表

3		毛刺去除符合要求				
4		表面粗糙度符合要求				
5		与基准面的垂直度 0.05 mm				

评价一成绩

评价二:尺寸检测		评分采用 10-0 分制					
序号	零件号	图纸尺寸/mm	公差/mm	实际尺寸			得分
				自评	组评	师评	
1	1	57	±0.2				
2		37	±0.1				
3		10	±0.05				
4		18	±0.2				
5		8	±0.2				
6		$\phi 8$	+0.1				
7		$\phi 15$	+0.1				
8		$\phi 18$	+0.1				
9		100	±0.1				
10		20	±0.1				
11	2	100	±0.2				
12		20	±0.1				
13		57	±0.2				
14		18	±0.2				
15		10	±0.1				
16		37	±0.5				

评价二成绩

评价三:安全文明生产		评分采用 10-9-7-5-3-0 分制				
序号	零件号	评价内容	自评	组评	师评	得分
1		未违反安全文明操作规范,未损坏机床、夹具和刀具				
2		工量具摆放整齐有序,工作台整理达到要求,机床及周围干净清洁				

评价三成绩					
目测检查		0.5		0.2	
尺寸检测		1.6		0.4	
安全文明生产		0.2		0.4	

分析总结

钻床夹具铣削存在的问题	原因分析	解决办法

任务三　角度样板的铣削

 **学习目标**

1. 看懂装配图、了解产品的功能及各零件之间的配合关系。
2. 根据图纸分析零件的结构和技术要求,编写加工计划、安排合理的加工工艺。
3. 能根据图纸正确选择工量夹具,并按图正确加工零件。
4. 掌握角度样板加工的方法和步骤
5. 掌握外圆弧的锉削方法和步骤
6. 会对铣削的角度样板进行检测

任务描述

本任务是铣削具备 90°、60°、45° 等多个角度的角度样板,如图 7-3-1 所示。

任务分析

分析零件图 7-3-2 可知,本任务要完成一个综合件的加工,它是由若干个小零件组装而成,分别是零件 1、零件 2 和零件 3。零件 1 包含的加工内容有铣平面、铣角度沟

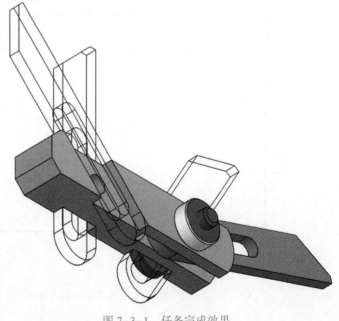

图 7-3-1　任务完成效果

槽、铣深直槽;零件2属于薄壁零件,加工内容是铣平面,加工时要注意防止铣伤夹具;零件3无需铣削;零件4只需铣削两个小平面。

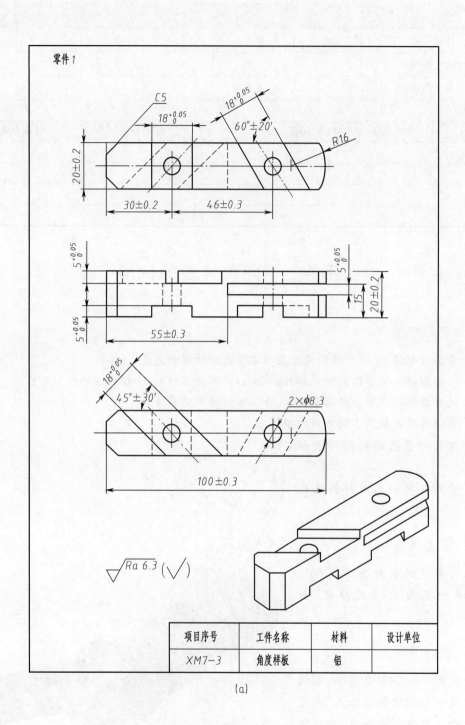

图7-3-2 角度样板零件图

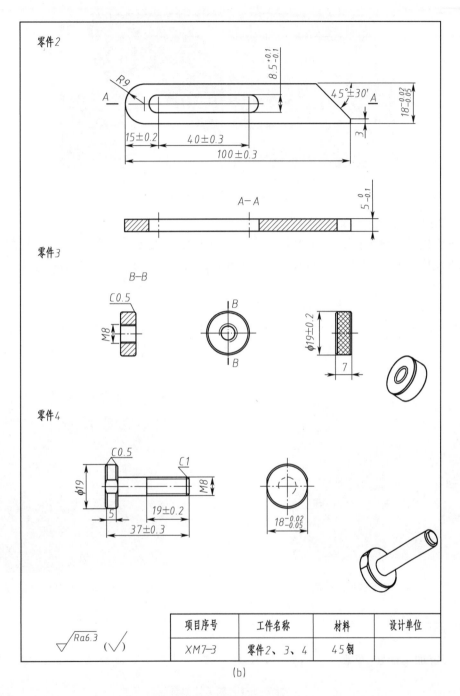

零件2

零件3

零件4

项目序号	工件名称	材料	设计单位
XM7-3	零件2、3、4	45钢	

(b)

图7-3-2　角度样板零件图(续)

 相关知识

➢　知识点一:角度沟槽的铣削方法

在项目二已经学习了和铣床纵向成0°或90°的直角沟槽铣削方法,在掌握前面技能的基础上,只要把台虎钳倾斜一个角度,就可以铣削角度沟槽,如图7-3-3所示。

(a)　　　　　　　　　　(b)

图 7-3-3　调整虎钳角度铣削

➢ 知识点二:角度沟槽的检测方法

角度沟槽的检测项包括定形尺寸和定位尺寸的检测。定形尺寸用游标卡尺检测槽宽,深度游标卡尺检测槽深,用万能角度尺检测槽的角度,如图 7-3-4 所示。在划线的位置,用游标卡尺检测槽的定位尺寸。

➢ 知识点三:深窄沟槽的铣削方法

深窄沟槽通常用锯片铣刀或三面刃铣刀铣削,又深又窄的沟槽可以用锯片铣刀来铣削,可以在卧式铣床或立式铣床上装刀铣削。铣削时注意防止锯片铣刀折断,另外防止工件倾斜,如图 7-3-5 所示。

图 7-3-4　角度沟槽的检测

图 7-3-5　深窄沟槽的铣削方法

 任务实施

1. 拟定加工计划(见表 7-3-1)

表 7-3-1　加工计划表

序号	工 作 步 骤	备注
1	去毛刺	
2	测量毛坯	零件 1
3	装夹工件	

序号	工作步骤	备注
4	铣削 6 个基准面,保证尺寸 100 mm×20 mm×20 mm 及公差,垂直度、平行度、平面度	
5	划线样板中线、30 mm、46 mm 定位线及 45°槽、60°槽定形尺寸线、5×45°倒角、45 mm 深 5 mm 宽的直槽、R16 mm 圆弧	
6	锉削 R16 mm 圆弧	
7	钻孔	
8	铣 18 mm 宽的直槽	
9	调整台虎钳角度 60°或 30°	
10	铣 60°槽	
11	调整台虎钳角度 45°	
12	铣 45°槽	
13	倒角 5×45°两处	
14	恢复台虎钳角度	
15	铣 45 mm 深 5 mm 宽的直槽	
16	去毛刺,检测	
17	去毛刺	
18	测量毛坯	
19	装夹工件	
20	铣削 6 个基准面,保证尺寸 100 mm×20 mm×20 mm 及公差,垂直度、平行度、平面度	零件 2
21	划线中线、30 mm、46 mm 定位线及 45°槽、60°槽定形尺寸线、15×45°倒角、R9 mm 圆弧	
22	锉削 R9 mm 圆弧	
23	铣键槽	
24	倒角 15×45°	
25	去毛刺,检测	
26	测毛坯尺寸	
27	装夹工件,伸出长 50 mm	
28	粗精车外圆 ϕ19.5 mm×37 mm、ϕ8 mm×32 mm	
29	按图纸要求倒角两处	零件 3
30	套螺纹 M8	
31	台虎钳装夹工件	
32	铣平面两处,保证尺寸 18 mm	
33	检测	

2. 铣削角度样板

1）铣削零件 1

（1）划线

已知直线的角度，只要知道直线上某一点的位置，就可确定一条直线，如图 7-3-6 所示。

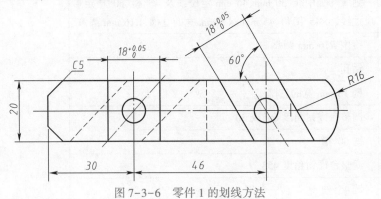

图 7-3-6　零件 1 的划线方法

（2）铣削直角沟槽

铣削直角沟槽和项目三铣削直角沟槽的方法相同，如图 7-3-7 所示。

图 7-3-7　铣削直角沟槽

（3）调角度，铣削斜沟槽

根据图纸要求，分别调整平口钳的角度为 45° 和 60°，进行斜沟槽铣削，如图 7-3-8 所示。

（a）调整角度　　　　　　　　　　　（b）铣削斜沟槽

图 7-3-8　调角度铣削斜沟槽

操作提示：

①为避免产生窜动现象,铣削工作台时应锁紧不使用的进给机构。

②斜槽铣削初步成形后,要检测后根据情况微调平口钳角度。

③铣削角度沟槽时,由于有两个斜沟槽,要避免把60°沟槽铣成30°或45°。

（4）铣削倒角

45°斜槽铣削完成后,平口钳角度不变,接着铣45°倒角,如图7-3-9所示。

操作提示：

铣削倒角时,注意防止铣刀铣坏平口钳或撞击平口钳。

（5）铣削深窄沟槽

选择在卧式铣床上安装锯片铣刀,如图7-3-10所示,装刀的步骤见项目一任务三。铣削深窄沟槽要分层铣削,防止铣削量过大,造成工件移动或锯片铣刀损坏。

图7-3-9　铣削倒角

图7-3-10　铣削深窄沟槽

操作提示：

①旋转横梁时,防止拉断机床线路。

②锯片铣刀铣削时,要合理选择铣削参数,防止刀齿折断。

（6）锉削圆弧

锉削圆弧要用划规两面划线,然后用平口钳夹持锉削,如图7-3-11所示。

（a）用划规两面划线

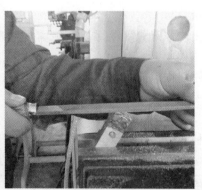

（b）用平口钳夹持锉削

图7-3-11　锉削圆弧

操作提示：

锉削过程中,注意调整工件装夹的角度,以便顺利锉削。

2)铣削零件 2

零件 2 是薄壁零件,注意防止铣伤平口钳。铣削倒角采用倾斜工件的方法铣削,如图 7-3-12 所示。铣削封闭沟槽前画好宽度线,宽度以划线来对刀,如图 7-3-13 所示。

图 7-3-12 铣削零件 2 倒角

(a)   (b)

图 7-3-13 铣削封闭沟槽

操作提示：

中间封闭沟槽是贯穿的,在铣削时需要避开垫铁,或抽走垫铁,以免损坏垫铁。

3)铣削零件 4

零件 4 铣削相当于铣削 T 形槽螺栓。方法见铣削 T 形槽螺栓部分(项目四任务二)。

 任务评价

角度样板的铣削任务评价表见表 7-3-2。

表 7-3-2 角度样板的铣削任务评价表

评价一:目测检查、功能检查 评分采用 10-9-7-5-3-0 分制						
序号	零件号	评价内容	自评分	组评分	师评分	得分
1		按图正确加工				

评价一:目测检查、功能检查		评分采用 10-9-7-5-3-0 分制					
序号	零件号	评价内容	自评	组评	师评	得分	
2		零件外观完好					
3		毛刺去除符合要求					
4		表面粗糙度符合要求					
5		与基准面的垂直度 0.05 mm					

评价一成绩

评价二:尺寸检测			评分采用 10-0 分制				
序号	零件号	图纸尺寸 /mm		公差 /mm	实际尺寸		得分
					自评	组评	师评	

序号	零件号	图纸尺寸 /mm		公差 /mm	自评	组评	师评	得分
1			100	±0.3				
2			20	±0.2				
3			20	±0.2				
4		直槽	18	+0.05				
5			5	+0.05				
6			30	±0.2				
7	1	60° 斜槽	18	+0.05				
8			5	±0.05				
9			46	±0.3				
10			60°	±20′				
11		45° 斜槽	18	+0.05				
12			5	±0.05				
13			45°	±30′				
14		沟槽	55	±0.3				
15			5	+0.05				
16			100	±0.3				
17			18	-0.02 -0.05				
18			5	-0.1				
19	2		8.5	±0.1				
20			40	±0.3				
21		键槽长	15	±0.2				
22			45°	±30′				
23	3	φ19		±0.2				

评价一成绩

评价二:尺寸检测							
评价二:尺寸检测 评分采用10-0分制							
序号	零件号	图纸尺寸 /mm	公差 /mm	实际尺寸			得分
				自评	组评	师评	
24	4	18	−0.02 −0.05				
25		37	±0.3				
26		19	±0.2				

评价二成绩

评价三:安全文明生产 评分采用10-9-7-5-3-0分制						
序号	零件号	评价内容	自评	组评	师评	得分
1		未违反安全文明操作规范,未损坏机床、夹具和刀具				
2		工量具摆放整齐有序,工作台整理达到要求,机床及周围干净清洁				

评价三成绩

评分组	成绩	因子	中间值	系数	结果	总分
目测检查		0.5		0.2		
尺寸检测		2.7		0.4		
安全文明生产		0.2		0.4		

分析总结

角度样板铣削存在的问题	原因分析	解决办法

参 考 文 献

［1］周炳章．铣工工艺学［M］．北京：中国劳动社会保障出版社，1996.

［2］蒋增福．铣工工艺与技能训练［M］．北京：高等教育出版社，2011.

［3］陈志毅．铣工工艺与技能训练［M］．北京：中国劳动社会保障出版社，2007.

［4］陈海魁．铣工工艺学［M］．北京：中国劳动社会保障出版社，2005.